掌控會議節奏，有效管理衝突與壓力，確保決策高效實施

會議無效？

引領效率革命的策略與技巧

軒英博 著

MEETING SKILLS

打造高效率的企業溝通體系，輕鬆掌握高效會議的精髓

為企業注入創新思維，實現會議效能的提升

輕鬆應對各種會議場合，確保每次開會都事半功倍

迅速解決會議中可能遇到的各種挑戰，營造有條不紊的會議環境

目錄

目錄

第 9 章
控管會議衝突

第 10 章
會議視覺化工具

後記

前言

隨著企業管理水準的不斷提升,以及人們的溝通方式、思維模式及工作方式的顛覆性變革,作為一項基礎組織行為的會議管理得到了越來越多企業的高度重視。動態變化的消費需求與競爭白熱化的市場環境,決定了企業必須要透過高效會議,及時制定有效的策略規劃,才能長期立於不敗之地。

本質上,會議是組織內部的正式溝通方式,企業日常經營、發展策略等方面的決策與執行都需要透過會議完成。由於傳統思維模式與管理手段的影響,企業會議效率普遍較低,陷入「會而不議,議而不決,決而不行,行而無果」的尷尬局面,在繁多的會議中,企業不但未能達成預期目標,反而造成嚴重的資源浪費。

在企業中,常見的會議問題主要包括:會議繁多、不能準時開始與結束、會議缺乏明確的議題、與會者相互重複空話、會議決議無法落實等。造成會議效率低下的因素十分多元化,比如:與會者擔心威脅到管理者的權威,而在發言時有所保留,導致問題難以快速解決;會議開始前,與會者未能做好充分的準備工作;「官僚主義」盛行,繁瑣的流程導致會議流於形式等。

一個完整的會議流程包括會前、會中及會後三大組成部分,其中會前部分涉及到會議議程擬定、明確會議議題、準備會議材料、通知與會人員準備會議、會場布置、座位安排等多項內容;會中部分涉及到會議接待、會議主持、會議紀錄、維持會議紀律等;會後涉及到與會者提交會議報告、會議總結與分析、會議結果公告、會議制定方案執行與監督等。

前言

　　從上述會議流程來看，要想實現高效會議，會議管理者必須具備較強的會議管理能力，對各個環節進行精細化管理，在確保達成會議目標的同時，提高與會人員滿意度，為會議決策的真正落實奠定堅實基礎。

　　從麥肯錫等知名市場研究機構釋出的企業管理層工作時間分配來看，管理者大部分的工作時間被用於進人際溝通方面，其中，大大小小的會議更是在其中占據了極高的比重。尤其是在大型企業之中，會議往往同時涉及到多種利益相關者，要想在短時間內使各方利益訴求都能得到滿足顯然是一件十分困難的事情。

　　作者和業內同仁交流溝通時，發現很多企業管理者確實明白會議管理的重要價值，但在管理實踐中卻找不到有效手段打破當前困境，甚至因為部分管理者改革手段太過激進，導致組織部門矛盾激化，為企業帶來了不可挽回的重大損失。

　　有鑒於此，作為企業管理觀察者，會議管理研究者、從業者，作者在結合三星、Google 等海內外諸多實踐案例，以及自身多年從業經驗的基礎上創作了《高效會議實戰指南：手把手教你做會議管理》一書，對會議管理進行了全方位、立體化的深入分析，為企業提供了一條行之有效的高效會議探索路徑，希望能夠為讀者、創業者、經理人、企業領導者等提供一些啟示與幫助。

　　本書將從打造企業溝通橋梁、建立新型會議管理制度、會議實戰技巧分析、規避低效會議、建立會議程序表、會議組織流程與實踐、會議發言引導與規範、制定會議決策、會議衝突管理、實現會議視覺化等十大層面，對會議流程進行全面剖析，無論是規模較小的小微企業，還是規模較大的大廠；無論是處於初級發展階段的企業，還是已經成熟的企業，都能從中找到適合自己的會議管理解決方案。

會議管理者尤其重視的以下問題也將在本書找到滿意的答案：

如何找到會議低效的癥結？

如何提高與會人員發言積極性？

如何預防並處理與會者離題及衝突？

如何確保會議富有時效性？

如何擬定正確的會議議題？

如何處理無法達成一致的議題？

如何有效控制會議成本？

如何做好會議紀錄？

如何確保會議決議能夠真正落實？

……

在新生事物層出不窮的網際網路時代，企業面臨的競爭環境更為複雜、更為激烈，產品、服務及模式的紅利期越來越短，企業需要透過不斷創新才能長期保持較強的競爭力。而在轉瞬即逝的市場機遇面前，很多企業因為會議效率低下，不能及時制定有效的策略規劃，從而處於極度被動的不利局面。因此，提高會議效率成為企業管理者急需解決的重點問題。

實現高效會議絕非是一件簡單的事情，它需要企業管理者轉變思維方式與管理理念，引導企業成員積極配合會議改革工作，加強各部門間的溝通協調，實現會議科學合理決策。與此同時，還要積極引入新技術與工具，打造集視訊會議系統、螢幕拼接顯示系統、會議錄播系統、資訊釋出系統等諸多模組為一體的會議智慧管理系統，提高會議效率與品質，並降低會議成本。

第 1 章

會議管理

—— 進行會議溝通的原因 ——

　　無論是個體還是組織，在成長與發展過程中都離不開溝通。對個人而言，溝通是與他人建立互動關係的有效手段，對組織而言，溝通是實施管理的必要方式。經過溝通，各個參與主體能夠實現資訊的傳遞，理解對方的想法。

　　在企業中，管理者與下屬之間的高效溝通，能夠使員工了解自己的價值，對自己的職位充滿信心，提升員工工作的積極性，促使其掌握更多專業技能，追求更高層次的生活目標。溝通能夠促進各個部門之間的交流，加強不同部門之間的配合與合作，使員工為了共同的發展目標凝聚在一起。所以，企業管理應該圍繞管理溝通來展開。

　　管理溝通能發揮連線企業整體的作用。而要實施管理，就要發揮溝通的價值。溝通能夠讓企業掌握顧客需求，透過發揮優勢資源的力量，為顧客提供優質的產品與服務，進而推動企業的發展。換個角度來說，如果溝通方面存在問題，則容易給企業管理帶來更多壓力。

　　順暢的溝通能夠使人們進行友好交往，降低工作難度，達到預定績效指標。如果溝通存在問題，就容易影響企業的整體運轉，無法輸出優質的產品與服務，難以獲得使用者支持。數據統計顯示，企業管理者在溝通方面投入的時間占到總體的七成。

　　通常情況下，企業內部會透過召開會議、組織談判、聆聽報告、談話交流等方式進行溝通，對外則會約見合作夥伴、拜訪客戶。另有數據顯示，因溝通不暢導致的問題在企業中占到七成，具體表現包括企業決

策難以落實、工作效率難以提升、管理不善等等，本質上來說，這些問題在一定程度上都是因為溝通不暢導致的。所以，企業不能忽視管理溝通，還要在發展過程中不斷提升這方面的能力。

管理學大師司馬賀（Herbert Alexander Simon）認為，如果將溝通看作一種程序，組織成員就能透過這種程序，讓其他相關成員了解自己的想法，實現資訊的有效傳達。高效的溝通則能夠將主體的意願準確無誤地傳達給資訊接收方，避免在資訊傳達過程中出現內容疏漏。

員工能夠運用開放性的溝通管道，在高效溝通的基礎上，掌握全方位的資訊，並與其他人進行探討，各抒己見，就相關問題提出解決方案。在這種情況下，企業就能提升營運效率，還能在管理實施過程中發揮員工的主觀能動性。

高效的溝通，能夠使企業培養並打造出優秀的員工隊伍，不同部門的員工能夠相互配合，共同完成任務，員工能夠團結到一起。另外，企業需要透過溝通掌握所需的資訊，並促進員工之間的交流，營造良好的內部氛圍。因此，溝通對企業而言具有不可替代的價值。下面，對會議溝通進行簡單分析。

企業需要投入足夠的成本來實施「會議溝通」，這種溝通形式對時間要求較高，企業在遇到發展難題或價值量高的問題時，會採用會議溝通方法。常見的情景如下：

1. 企業要進行思想傳達或展開一致行動。代表性的例子有：商討專案計畫或者專案建設規劃

2. 要得到相關負責人的同意，聆聽不同意見。代表性的例子有：探討專案考核制度，在經過負責人同意後釋出

3. 傳達有價值的資訊。代表性的例子有：專案階段性總結

4. 闢謠，以免負面資訊影響團隊運作及企業的整體發展

5. 針對難度大的問題制定解決方案。代表性的例子有：企業的技術攻堅問題，或者對已有方案的可行性進行探討。

　　調查結果顯示，在很多企業管理者的工作時間裡，開會占用的時間達三成，出差占用的時間也達到三成。接踵而來的會議安排需要管理者投入一定的時間與精力，過多的會議則容易讓參與者感到疲憊，給他們帶來壓力。

　　透過分析能夠發現，儘管企業管理者都明白會議需要公司給予相應的資源支持，但他們也清楚地知道，對企業而言，會議是一種有效的溝通方式，透過召開會議，組織成員之間能夠進行直接的互動交流，準確傳達資訊，以會議形式增進各個部門之間的聯繫，降低不同部門間員工合作的難度。

　　因此，對企業及員工個人來說，要實現自身的發展，都要有意識地培養溝通技能，在解決問題的過程中逐步實行經驗累積，並應用於企業發展及個人成長中。

四種主要類型

企業會議可劃分成不同類別。不同類別的會議，在前期準備上是存在區別的，但無論是什麼類別的會議，要想提升組織效率，展現會議價值，無疑都要做好準備工作。在這裡，對如下四種會議類別進行分析：

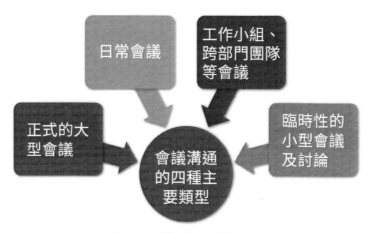

圖 1-1 會議溝通的四種主要類型

◆ 正式的大型會議

在企業正式的大型會議中，具有代表性的有：董事會重大會議、股東大會、企業高層會議、公司年度等。一般情況下，這類會議都十分注重會前的準備工作，這樣才能在企業重要人物面前呈現自己的最佳狀態。但實際情況是，就算是正式的大型會議，其前期準備也會存在不足之處。並非所有大型會議都如人們想像中那樣，是經過周全的準備才召開的。

◆ 日常會議

在企業的日常會議中，具有代表性的有：每隔一段時間召開的董事會、經理層會議、事業部會議等等。如果公司本身精於管理，日常會議則會在準備良好的前提下召開，不過，很多企業仍需在原有基礎上進一步提升日常會議的效率。舉例來說，日常會議包含過多議程的情況時有發生。很多情況下，與會者會在日常會議中探索企業現階段的營運情況，還會就今後的發展方向提出各自的見解。

但企業應該避免將不同的問題混為一談，而是要根據自身發展需求進行有效衡量。另外，要針對問題的類別及其重要性，為其分配適當的討論時間。為了避免企業陷入傳統思維的困局，管理層應該重視創新，在時間分配上，可以預先規定，將創新作為管理層會議的核心議題，定期圍繞該議題展開討論，制定會議決策。

◆ 工作小組、跨部門團隊等會議

與其他會議相比，工作小組、跨部門團隊會議的價值更大一些，但前期準備顯得有些不足。通常，專案經理或小組組長會擔任會議主持，負責進行會議準備。但是，由於缺乏專業的會議管理經驗，也未經歷系統化培訓，他們負責組織的會議並不具備高效特徵。

◆ 臨時性的小型會議及討論

對一個企業而言，組織臨時性小型會議或討論的頻率要高於其他會議類別，但這類會議通常缺乏足夠的準備。會議期間，與會者依靠現場發揮展開討論，但正是因為如此，會議效率才難以提升。身為企業管理者，不能放任其他人在問題出現時匆忙與自己展開討論，也不能在未做

準備的情況下進行決策。

誠然，企業管理者讓員工隨意出入自己的辦公室能夠在公司內部營造開放式氛圍，也能拉近管理者與員工之間的距離，但是，過度放縱只能導致會議準備不足，影響整體效率。有些小型會議及討論無需透過書面檔案傳遞資訊，但管理者需要透過詢問員工來了解一些必要資訊。例如，管理者可以在與員工溝通過程中了解對方是否有交流需求，具體內容如何，透過交流想要達到的效果，預期的價值，如果要舉辦會議，會議召開的大體時間，自己需要準備的數據等等。如此一來，管理者便能夠掌握員工的談話目的、需求等，並針對其問題，給出有效的應對方案，避免浪費時間。

在詢問結束之後，管理者需要提醒員工進行會議的前期準備，與此同時，要讓員工做好會議成果的預期，從而保證會議的高效進行。

很多企業中都存在這樣的現象：管理者認為自己在員工身上投入了很長時間，但員工卻認為自己的上司無暇顧及他們。事實上，這個問題沒有明顯的對錯之分，因為企業管理者的時間是有限的，他們需要處理各式各樣的事情。付出的時間多少與問題是否解決之間沒有直接的聯繫，只要提升時間利用率，就能在不同事務之間做好協調。對企業會議來說，前期準備是必不可少的。

企業管理者需要清楚地意識到，身為管理者，他們通常不會拿出太多的時間與下屬開會，一般來說，管理者只會與下屬就某個問題進行商討，所用時間大概在 10 分到 30 分鐘左右，商討結束，則會立即投入自己的工作。

但是，如果會議並非以問題解決為中心，而是就人員相關問題展開討論，則會議時間不得低於一小時，實際上，這種會議通常會持續兩個

小時的時間，也可能超過兩個小時。管理者需要認真對待此類會議，不能吝惜自己的時間，而應該在會議中發表自己的見解，與其他與會者展開高效的交流與互動。

某些情況下，當管理者意識到自己的下屬想和自己討論問題時，會主動詢問對方談話的具體內容，對方沒有直接表達自己的想法，卻委婉地表示，自己想和管理者進行面對面的溝通。在這種情況下，管理者應該明白對方的請求，並根據自己的時間安排，在方便的時候與下屬進行直接的溝通，而不是在會議期間摻雜與這個人的討論，以免對方因外界因素的影響，無法表達自己的真實想法。

有時候，企業在營運過程中也會突發危機事件，管理者需要與相關負責人立即進行溝通，改變自己原有的工作安排。不過，危機情況發生的機率比較低。

從根本上來說，無論是在企業中，還是在自己的生活中，都要認真對待並處理好與他人之間的關係。為此，人們都要付出必要的時間與精力，不能操之過急。

基本要素和內容

　　會議在企業發展過程中，具有增進交流、化解衝突、制定決策等重要功能。但目前很多企業舉辦的會議重形式而不注重內容，會議流程十分繁瑣，甚至有的企業頻繁開會，讓員工陷入了會議之海，導致企業營運成本明顯提升。

　　開會本身的目的是為了透過協商處理問題，而不是讓管理層展示自己的權威。員工對企業無效會議積怨頗深，會議占用了他們大量的工作時間，導致本能按期完成的專案被迫延期，而且造成的後果只能由自己承擔。如果每次開會前，能對會議成本進行評估，並由發起單位買單，開會的頻率會明顯降低，效率會大幅度增加。

◆ 會議溝通的基本要素

　　透過舉辦會議，可以為各部門人員建構一個良好的溝通平臺，不但可以增進組織成員的情感，提升內部凝聚力，而且能夠讓高層管理者及時了解企業的經營數據，為其制定更為科學合理的決策。不過會議最為關鍵的目的還是在於解決問題，而問題的解決需要與會人員積極發言，而不是組織方的一言堂。

　　通常而言，要實現高效的會議溝通，首先應確定以下五大要素：

議題要和參與開會的人有關

選定適當的出席人員

具備專業的會議主持人

會前要有充分的準備

參與開會人的態度

圖 1-2 會議溝通的基本要素

（1）議題要和參與開會的人有關

會議一般都有確定的議題，參與開會的人應與議題內容有所關聯：關係到自己的切身利益、對議題比較了解或討論的內容在自己的職權範圍之內，如此與會人員才會具有參與感和責任感，能夠積極參與到會議過程中。

（2）選定適當的出席人員

召開會議是為了做出某種決策、解決某個問題，因此參與會議的人應對議題內容具有決定權，且在職務上也有權利與義務去執行會議做出的決定，如此才能真正發揮會議的價值，推動會議內容確切落實。

（3）專業的會議主持人

主持人是會議的關鍵角色，負責引導與會者積極發言、控制會場秩序、掌控會議進度、管理會議時間、保證討論內容不偏離主題、歸納發言人要點、進行最後總結等諸多內容，因此一個專業的會員主持人是保證會議順利進行、提升溝通效率的必要條件。

（4）會前要有充分的準備

　　會前充分準備也是提升會議效率的關鍵一環，比如會議主持人要在
會議召開前制定自我檢查表，內容主要包括：會議準備時的檢查點，即
會議的各項準備工作是否有效完成；匯入議題時的檢查點，即是否恰當
地將參與者引入議題；進行討論時的檢查點，即會議討論時是否出現跑
題、超時、爭吵、指責等情況；匯出結論時的檢查點，即如何引導與會
者共同匯入結論，達成會議共識。

（5）參與開會人的態度

　　與會者對待會議的態度直接決定了會議能否高效、深入進行，這種
態度主要表現在以下幾個方面：

☑ 是否準時到達會場參加開會
☑ 對要討論的議題是否提前了解並做了充分準備
☑ 會議過程中是否尊重他人的發言權
☑ 是否耐心、虛心地傾聽別人的不同意見
☑ 是否希望會議能得出好的結論、達成預期成果

◆ 會議溝通的主要內容

　　隨著消費需求的不斷更新以及市場競爭越來越激烈殘酷，企業需要
舉行的會議數量也明顯增加，會議管理成為企業營運中的一項十分重要
的工作。參加的會議越多，我們就會越了解高效會議的重要性。會議內
容無疑是影響會議效率的一大重要因素，具體來看，會議內容主要包括
以下幾點：

圖 1-3 會議溝通的主要內容

（1）重點

以開會的方式對近期企業各部門的工作重點進行有效規劃、總結，無疑是最為簡單有效方式之一。

（2）難點

企業發展過程中會出現各式各樣的問題，有些問題可能組織成員可以直接解決，但部分問題尤其是涉及到跨部門合作的問題，僅靠某個員工或部門的力量並不能有效解決，相關部門的員工參加會議，共同協商解決這些難點，就顯得十分必要。

跨界融合成為常態的背景下，即便是部門內部會議可能也需要其他部門人員共同參與，經理劉超所在的部門就經常出現這種情況。

劉超想要召開一項企業技術標準研究會議，由於公司事務繁忙，劉超沒有足夠的時間來協調會議，此時，劉超想到了得力助手小王，於是

將小王叫到辦公室後，向其提出了這樣的要求：「我計劃本週五召開企業技術標準研究會議，你通知研發、生產、供應部門相關人員參與會議，各部門都要有負責人到場，尤其是和技術標準相關的人必須要參加，我們部門的人員都必須參加，你協調一下，週三下班前將名單提交給我。」

週三上午，小王找到劉超，研發部、生產部近期工作繁忙，難以協調時間，劉超告訴小王可以找兩部門的部門經理協調。結果開會那天僅有本部門的人員按時到場，劉超非常生氣，小王急忙打電話找人，10分鐘後，生產部來了一個工廠組長，幾分鐘後其他人員到場，並小聲向小王抱怨。

在這個案例中，劉超負有主要責任，其對會議組織關鍵要點掌握不清晰，導致會議在組織環節出現較大問題。會議在企業中的功能主要包括以下幾點：

1. 傳遞公司經營理念與文化。
2. 傳達上級決策。
3. 針對某個問題共同制定解決方案。
4. 分享靈感與創意，推動企業創新。
5. 反思總結，優化改善。
6. 釋出關鍵資訊，達成告知功能。

會議作為一種企業內部溝通協調的重要工具，透過科學合理的會議管理，使各類會議能夠順利召開，可以為企業的經營管理提供有力支持，無論是企業管理者，還是基層員工都應該充分認知到會議對企業發展的重要價值，積極配合會議流程，維護會議秩序，確保會議的高效發展。

（3）疑點

因為能力和掌握的資源等方面的差異，人們對待同一件事情的看法會有所不同，比如對於日常的工作，有些人更加積極主動，在上班之餘，還會透過參加相關培訓課程來提升自己；有些人則較為被動，每天僅是按部就班地完成自己的本職工作。不過無論哪種員工，在工作過程中總會存在一些困惑，需要透過開會共同商議解決方案。

（4）創新點

員工每天要完成的工作，大多是重複性的、無趣的。但在解決問題時，因為出發點不同，不同的人可能會給出不同的解決方案，透過會議鼓勵大家積極創新，提出新思路、新觀點，無疑能夠有效增強組織的活力與創造力。

（5）熱點

人們每天如果只侷限在自己職位的具體工作中，很容易思想僵化，一味的根據自己的經驗處理問題。所以，在管理過程中，企業管理者要引導員工不斷學習，督促他們努力提升專業技能與綜合能力，透過會議讓員工共同分享，並討論當下的行業熱點。

（6）焦點

專注於某一焦點，可以提升企業的專業性與市場競爭力，企業管理者可以組織專題講座或者邀請業內專家就某一個熱點的解決方案進行研討，並讓員工共同交流學習，長此以往，企業的綜合實力會得到明顯提升。

——— 主要功用 ———

開會最能展現一個人在團隊中的地位與作用。團隊管理者要想了解團隊成員的想法，要想向團隊成員傳達上級的指令，要想協調各種關係，都可以透過開會來實現。開會是一項最基本的管理技能，所以，管理人員要學會如何開會。

◆ 會議溝通的主要功能

以資訊流動方向為依據，會議形式會在腦力激盪與指示傳達之間徘徊。要使用何種會議形式，取決於會議目的是什麼。會議能達到的目的有很多，也就是說會議的功能有很多，具體分析如下：

1. 集思廣益的功能：會議可以將不同的人與想法匯聚在一起，這些想法相互碰撞，最終可以將存在分歧的意見統一起來，也可以啟發與會者，開拓其思路，使集體智慧整合在一起，有效發揮出來。

2. 資訊釋出功能：在會議召開的過程中，會議組織者可以向與會者傳達上級指令或決策，釋出重要資訊。

3. 監督員工、協調矛盾功能：透過召開常規會議，員工向主管回饋工作進度，主管檢查與監督員工，了解工作進度、任務執行情況，做到心中有數，以更好地安排接下來的任務。同時，會議將主管與員工集合在一起進行面對面的交流，透過這種方式，上級與下級員工之間的矛盾能得到調解。

4. 解決問題的功能：每個人所掌握的資訊都不全面，會議將不同人所

掌握的不同資訊匯聚在一起，透過交流、討論，促使與會者思考、創新，能催生出高品質的問題解決方案，使問題得以有效解決。

5. 激勵功能：公司在特定時間召開會議能對員工產生激勵作用，比如在團隊組建後召開會議，在年初或者年終召開會議等等，都能振奮員工，讓員工鼓足幹勁，更好地展開工作。

6. 群體資訊互動功能：會議是一種群體溝通方式。隨著科技的發展，人與人之間的溝通方式越來越多，電子郵件、多媒體等都能用來進行溝通、交流，但這些溝通方式都比較適用於一對一的溝通，群體溝通最有效的方式還是會議。在會議上，所有人都能發表自己的意見與想法，群體資訊能有效地互動、共享。

7. 有效的溝通：會議可以進行群體交流，集思廣益，實現有效的溝通。

8. 傳達資訊功能：透過會議，組織者可以向員工傳達一些新的公司決策以及其他部門的資訊，增強員工對公司的了解，增進部門之間的了解。

9. 鞏固主管地位：透過召開一些上下協調會議，部門主管或經理能更好地鞏固自己的地位。

◆ 會議溝通的主要技巧

人們在職業生涯中會經歷各式各樣的會議，其中有很多會議陷入了無休止的爭論之中，不但沒有有效解決問題，反而讓部門或員工之間產生了隔閡，這種結果使人們對會議產生了嚴重的負面印象，每次參加會議時，都有一定程度的牴觸心理，自然會導致會議很難取得預期結果。對於會議，人們首先關注是為了什麼開會，也就開會的目的。其次是如何開會，也就是開會的方法。

企業發展遇到問題時，開會解決是很正常的選擇，但開會也存在著以下幾大難題：

——跑題。討論的內容和議題有很大偏差，耗費了大量的時間成本，最終也沒能成功解決問題。

——一言堂。會議組織方或某一部門居於主導，其他與會人員沒有機會表達自己的觀點。

——野蠻爭吵。因為對方某句口誤就大肆抨擊，甚至爆發衝突事件。

……

事實上，如果能夠掌握以下技巧，企業管理者就可以有效提升會議效率：

1. 及時開會。在發現市場中存在的某一重大發展機遇或者競爭對手做出有威脅性的布局時，要及時舉辦會議，以便有充足的時間制定決策。

2. 在開會前確保會議有明確的目標。對議題也要進行嚴格篩選，議題的關鍵在於品質而不是數量。

3. 開會前要有足夠的準備時間，並將會議議題涉及的數據發放給與會人員。

4. 控制發言人講話的時間，每次發言間隔盡量控制在 5 分鐘以內。

5. 確保會議有一個輕鬆愉快的氛圍，會議主持人扮演好自己的角色，讓與會人員積極發言的同時，避免出現野蠻爭執。

6. 會議紀錄、會議制定的決策要落實為書面檔案，會議完成後，要讓與會人員提交會議總結。

7. 有些事情沒必要透過開會解決，比如，可以以社交媒體直接告知各部門，而不是勞師動眾地組織全體會議。

—— 管理者必備的會議技巧 ——

很多企業尤其是大型企業在大大小小的會議中投入了大量的資源，不但沒有創造相應價值，反而使企業效率明顯下降，官僚之風盛行，在市場競爭中極為被動。會議本身的目的是為了集思廣益、拓寬言路、協商解決問題，但因為效率低下，不得不頻繁開會，使企業發展遭受重大阻礙。

實際上，縱觀企業的內部會議，大多都存在以上這些問題，不過這也反過來逼迫企業管理者不斷探索高效會議的最佳實現路徑。作為企業管理的重要內容，管理者在進行會議管理時要充分考慮以下一些內容：

1. 被打斷話題是一件好事：要正確對待打斷話題的行為，不要對與會者的質疑和批判行為持訓斥或對抗態度，因為這反而表明他們真正去關注和思考了會議議題，應給予他們充分表達自己想法的機會。

2. 變與不變：「變」的是開會的具體形式和內容，要根據實際情況和成員的生理心理特質確定能有效吸引成員參與興趣的會議形式；「不變」的是企業應始終將建構輕鬆、活潑、良好的會議氛圍和會議文化作為會議管理的一個重要目標。

3. 管理者的心態決定與會者的表態：企業內部會議出現一些不好的現象時，管理者應首先自我反省，審視自己是否有哪些地方沒有做好從而影響到了其他成員，這也最能展現管理者的胸襟氣度。受威權主義文化的影響，管理者在開會時必須時刻注意自己的心態和表現，因為其一舉一動、一言一行都在相當程度上影響著其他與會者的態度和行為。

4. 學習、模仿、總結：任何理論、經驗或方法技巧都不可能一直有效，因此當以往的會議管理方式逐漸失去效力時，管理者或會議組織者要不斷學習、模仿、總結，以開拓視野、探索更有效的會議管理方法。同時，管理者還應帶領整個團隊共同學習提升，並開誠布公地與所有參與會議的成員探討具有共識和操作性的更好的會議管理方案。

5. 三個永遠：即「永遠不要期望所有與會者都能跟你一樣高瞻遠矚」，「永遠不要輕視參加會議的每位成員」，「永遠不要忽視任何與會者的發言」。管理者必須明白，之所以召開會議就是為了讓每位與會者都能充分表達自己的想法，因此必須重視每位成員並給予他們發言的機會；同時還要意識到，成員與自己在視野、能力等方面存在差距是正常的，也因此自己才會成為他們的主管。

6. 貪多嚼不爛：管理者不要指望開一次會就能夠解決所有問題，而應首先處理最緊迫的關鍵議題，在會議上透過多種手段深入分析這個重要議題並制定最佳的解決方案，同時還要時刻關注由此衍生出的新問題是否影響到了中心主題。

7. 靈活駛向結果的彼岸：多數企業的內部會議都過於呆板、沉悶，缺乏靈活性和應變能力。雖然擬定會議程序是會前準備的重要內容，也有利於推動會議順利進行，但會議管理者和組織者也不必完全拘泥於此，特別是在瞬息萬變的現代商業環境中，需要管理者具有較強的應變能力，根據態勢變化靈活地對會議議題進行部分乃至全部改變。

會議是企業最常見的活動，會議管理也是企業管理的重要一環。因此，企業管理者應充分意識到會議的重要性，善用會議，實現對企業內部的更高效管理。

—— 祕書該如何做好會議管理？ ——

在企業發展過程中，會議無疑扮演著十分關鍵的角色，管理者可以透過會議交流資訊、制定並釋出策略方案等。經濟全球化及企業多元化經營成為常態的背景下，祕書要處理的工作越來越複雜，這對其綜合能力提出了更高的挑戰，而會議管理無疑是考核祕書能力的一項重要指標。

本質上來說，會議是人們為了達成意見一致或者對某個問題進行協商，而聚集起來進行交流互動的活動。除了各個企業內部舉行的會議外，外部會議尤其是那些國際性的行業協會在提升企業品牌形象、帶動當地經濟發展等諸多方面具有十分重要的價值。據統計數據顯示，每年聯合國舉行的大大小小的會議平均達到 3800 次以上，企業內部每年也會舉辦各種形式的會議。

所以，企業需要對會議管理給予高度重視，在降低會議成本的同時，透過會議獲取員工的回饋建議，為企業的長期穩定發展制定更為科學合理的策略決策，提升企業的內部凝聚力與外部競爭力。

舉辦會議是一項十分複雜的工作，一個完整的會議包含數據整理、時間管理、釋出會議通知、會議紀錄等諸多環節，要確保會議能夠高效完成，需要對這些環節進行全面優化調整，這無疑需要承擔會議管理工作的祕書付出巨大的時間及精力。按照不同的分類標準，會議可以被分成多種類別，比如，在時間層面上，會議可以被分為定期會議及不定期會議；按照組織類別，會議可以被分為正式會議、非正式會議、內部會議及外部會議等。

◆ **對內會議的管理**

內部會議通常規模相對較小，常見的內部會議是例會、週會，其參與人員可能僅有幾個或者十幾個人，不過一些大型企業舉辦的年會的參與人員數量可以達到上百人。在會議舉辦前，要花費一定的時間進行會議準備，這項工作絕非是在浪費時間，因為充分的準備工作是會議得以高效進行的重要基礎。

內部會議的準備工作包括：明確會議重點、制定會議議題、釋出會議通知、安排會議議程等。除了一些因為突發狀況導致的緊急會議外，祕書在準備會議的過程中，還需要了解與會人員的時間安排情況。當多數與會人員或者重要會議組織人員無法協調會議時間時，就應該嘗試調整會議時間，並將最終確定的會議舉辦時間、會議流程及會議數據等內容，及時通知給各個與會人員，以便後者有足夠的時間準備會議工作。

開會前，祕書需要蒐集並整理相關的數據（包括檔案、數據、規章制度、行業政策等），從而為上級的發言提供有效幫助，與此同時，還要檢查會議所需的桌椅、水具、紙筆是否齊全，檢查衛生條件及電源是否合格等。

在開會期間，祕書要及時清點與會人員名單，通知上級哪些人員未能參加會議及其未參加原因，確保與會者手中都能有一份數據。有時在開會過程中，企業可能會出現突發狀況，此時要及時向上級匯報，並協助其處理。會議完成後，要及時安排會務人員清理會議室，並將會議紀錄歸檔，以便有需要時能夠及時檢視會議數據。

內部會議應該避免過於頻繁，否則會使企業的營運成本大幅度增長，可以將多個會議主題合併到同一個會議中，並做好會議的引導工作，防止在不重要的內容上浪費較多的時間。在安排會議日程時，要明

確各個環節所用時間，在幾分鐘內就可完成的會議，絕不能拖到幾個小時甚至一整天。

◆對外會議

外部會議和內部會議存在較大的差異，前者參與人員較多，而且可能涉及到各行各業的從業者，會議效率與品質直接展現了一個企業的綜合實力，反應出了會議組織方的工作能力與企業的整體形象，所以，在安排外部會議過程中，祕書所做的工作就顯得尤為重要。

企業營運過程中，經常舉辦的外部會議主要包括：業務洽談會、產品展銷會、新品發表會及客戶諮詢會等。祕書在處理外部會議過程中，也需要分別做好會議前、會議中、會議後三個方面的工作。

（1）會前準備

會議舉辦前，祕書要制定一個詳細的會議計畫，從而使會議能夠按部就班地進行。具體來說，會議計畫中的內容主要包括：會議主題、會議參與單位、會議流程、會議時間等。由於外部會議持續時間相對較長，為了便於與會人員合理安排時間，要制定會議日程表。外部會議的日程表通常以天為單位，要明確每天不同時間階段應該進行的具體環節，如果會議涉及到一些保密性要求較高的工作，盡量將其安排在會議日程中的靠後位置。

選擇會場時，要盡量選擇交通便利的場所，在鬧市區不但交通不便，而且會場租用成本也相對較高。根據參與會議的人數，選擇合適規模的會場，並且確定會場的配套設施較為完善。

會場選擇完成後，還要明確各參與單位具體的參與名單，並聯繫參與人員確認其是否有時間參加。確認工作完成後，便可發出邀請函。然

後再準備會議所需的資料、裝置，安排相應的會議服務人員等。在會議即將開始前，要和會議主持人員及時進行溝通，做好會議流程的確認工作。

（2）會間的服務

開會過程中，要做好會議紀錄，整理出會議的重點內容。祕書要對會議保全工作給予高度重視，確保時刻都有保全人員在場，以便應對各種突發情況。如果涉及到新聞媒體採訪環節，要安排相應人員負責接待。確保會議能夠按照會議流程高效流暢地進行，靈活處理各種突發狀況，有必要時要及時向上級請示。

（3）會後工作

會議完成後，確保各個參與單位能夠安全離場，並總結會議工作，根據各個工作單位的表現情況給予獎勵或懲罰，好的地方在下次會議時繼續發揚，不足之處在下次會議時要避免重蹈覆轍，最後還要及時將會議紀錄歸檔。

隨著科學技術的不斷發展，電話會議、電視會議在企業界的應用越來越普遍，祕書要與時俱進，在做好線下會議管理工作的同時，也要處理好各類線上會議，在工作過程中，不斷累積並總結經驗，提升自己的協調能力與溝通能力，確保會議能夠高效進行。

── 如何有效解決問題？ ──

在現代人的群體溝通方式中，會議是一種最有效的方式。開會看起來簡單，可就是這個最簡單的溝通活動是人們一生中參加次數最多的一種群體活動，它能對現代文明的發展程度進行有效衡量。

至於開會的作用，有人說是解決問題。事實上，開會並不能解決實際問題，只有開會方案付諸於實踐才能解決實際問題。開會只能解決與會者在觀念及態度方面的問題，達到理清思路、凝聚人心、統一認知、制定規劃的目的。

事實上，開會就是經營與管理的代名詞，具體來說就是經營人心、管理團隊。但是，並不是所有的公司都有定期開會的習慣，有些公司很少開會，甚至養成了沒事不開會的習慣，以至於開會時與會者不知道會議議題是什麼，要解決什麼事情。其實，這是一種非常不好的開會習慣，會議能增強組織成員的思想交流，不召開會議，組織成員的思想得不到交流，慢慢的組織成員的思想就會分化，最終組織就會分裂，難以實現成長與發展。

另外，如果公司沒有定期開會的習慣，遇到突發事件召開緊急會議，由於會前準備不充分，會議議題不明確，討論起來漫無邊際，會議結束之後也不能形成有用結論。特別是，很多公司上級都將會場當作自己的演講場，一個人滔滔不絕，不給其他與會者發言機會，上級發言結束就意味著會議結束，這種會議根本不能解決問題。

會議召開的目的就是解決問題，如果問題得不到有效解決，會議開與不開都可。

開會的目的是交流討論、解決問題、制定規劃、安排工作、使專案目標能有序達成。但是，在現實生活中，我們經常能看到這樣的會議：高階主管組織中階主管開會，中階主管組織基層員工開會，會議內容完全相同，且不會產生任何實質性的意義；或者會議開與不開一個樣，會議結束之後沒有達成任何結果。這樣的會議不僅浪費時間、人力、財力，還容易引起與會者的厭煩情緒。那麼要怎樣開會才能讓會議達到應有的效果呢？

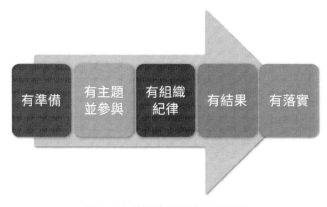

圖 1-4 有效解決問題的會議實踐

1. 有準備：要想讓會議價值最大化，首先要建構起良好的會議文化，做好會前準備工作，比如準備好會議議題、開會需要的數據、明確開會時間、通知與會者按時參加會議等等。如果某場會議沒有提前做好準備，這場會議就可以直接取消。

2. 有主題並參與：只有以某個明確的主題為核心進行交流、討論才能得出最佳的解決方案，所以，每場會議都要有明確的主題，為交流討論明確方向；同時，要讓與會者參與到會議議題中去，鼓勵他們積極思考、表達自己的想法。

3. 有組織紀律：要制定完善的組織紀律，對於遲到早退、態度散漫者要予以懲罰。

4. 有結果：會議必須要有結果。因為會議是以解決問題為目的召開的，如果會議沒有結果，就是浪費時間與金錢。

5. 有落實：如果會議制定的方案不落實、落實後不檢查、發現問題不追究，會議也達不到應有的效果。所以，在會議結束之後，要落實會議方案，並追蹤檢查方案落實效果，發現問題要及時解決，以保證會議效果。

此外，要想開一場能解決問題的會議，做好會議管理非常關鍵：

首先，要建立一套完整的會議系統，設計一套適合不同時間、不同參與者、不同層面組織召開的會議，明確每種會議的職能、召開頻率與召開方式。在會議制度建立起來之後，要認真貫徹執行，對其進行評估、研究、創新，讓會議效率與會議效果達到最佳。

事實上，從一個企業召開會議的過程中就能看到這個企業的文化。因為，會議安排、會議內容、會議氛圍就能展現出企業的價值觀。也就是說，在企業文化中，會議文化是非常重要的組成部分。

總而言之，會議不是遊戲，不能隨意亂開。會議是一種管理方式，會議本身也需要管理，只有做好會議管理，才能打造一場高效會議。

進行一場高效會議

◆ 從不列印的工作報告

　　某集團董事長會在集團年會上做工作報告，他的報告非常具有吸引力，原因在於：首先，他自己撰寫工作報告，而不是交給他人代勞；其次，工作報告不會發給除他自己以外的任何人；再者，工作報告內容全面，不僅有對企業發展大局的把握、對公司業績情況的真實反映，還有對細節方面的分析，科學預測整體發展趨勢。工作報告長達 90 分鐘，包含巨大的資訊量。之後，集團就其工作報告召開會議，要求所有參與者就自己聽取的報告內容發表有價值的發言，因此，與會者需集中精力聽取報告內容，並記錄關鍵資訊。

◆ 精細的會務手冊

　　手冊內容包括：會議主題、與會人員名單、會議流程、各個議程的時間設定等，還有與會者的具體位置、服裝規定、會議召開當天的天氣情況等等詳細資訊，所有會議中應該注意的事項，基本上都能透過會務手冊呈現出來。

　　比如某集團在 2013 年的年會胸卡，正面標注與會者的姓名、照片、所屬部門、職位等個人資訊。反面則詳細列出了年會活動的完整流程安排，包括公司晚宴的時間、地點、用餐的具體位置，以及年會的時間、地點、位置安排等等，提供給每個與會人員詳細的流程參照，便於他們根據資料提示參與各項活動。

◆ 開會不遲到

不少公司在會議召開期間，很多人因為各種理由遲到，導致會議效率難以提升，嚴重者還會擾亂會議的正常進行。

有一間大型企業，所有人都遵守這樣一條會議原則：無論是什麼類別、多大規模的會議，下級人員需在上級到達會場前的 5 到 10 分鐘趕到，透過這種方式來表現他們對上級的尊重，以及對會議的重視。如果有人沒有遵守這條約定，即便是在會議規定的時間準時入場，其他人也會覺得這是他的失禮行為，以異樣眼光視之，使其產生心理壓力。而為了避免這種情況的出現，與會人員必須遵守會議規定，提前達到會場準備。

◆ 準時開會，準時散會

會議召開會嚴格按照會議手冊上的時間限定來進行，絕大多數情況下都不會延長會議時間。為了做到這一點，如下規定：在會議開始前做好時間安排，並告知所有與會人員；最好會議中各個議程的會議安排，限定與會人員的討論時間；主持人需在會議期間進行時間掌控，促使所有參與者提升討論效率。

如果會議價值較高，會議期間需發言的與會者要先進行會前排練，確保自己的發言能夠在規定時間內完成。也就是說，每一個與會人員都可以在規定時間內結束發言，不會出現拖延現象。如此一來，所有人的發言都可以按照時間規定來進行，整個會議也就能夠在預定時間內召開完畢。這得益於管理者及員工對時間的重視，同時也與制度規定有關。

◆開會發言只討論核心內容

公司開會的目的是提供問題解決方案，所以，拒絕與會議無關的發言，如果有人在會議期間討論題外話，其發言就會被中斷，保證會議圍繞核心主題。

會議可採用 PPT，使用既定模板來製作。而且，還對 PPT 的數量做出了規定。通常情況下，會議 PPT 需控制在 10 張以內，最終呈現給上級的在 3 張以內。不過，製作者會以超連結形式來補充這 3 張 PPT 的詳細內容。

PPT 盡量精簡，只將核心內容提煉出來拿到會議上進行討論。

◆開會不能找替身

會議的與會人員需為部門代表，需根據會議要求做出決策，對自身所在部門有著清晰的了解，有能力保證會議決策的執行，而不是僅聽取會議內容，在會議接受後向部分負責人傳達會議資訊。

根據上級的問題組織答案，答案需直接肯定。會議中常出現這樣的情況：當上級詢問下屬某決策的落實結果時，對方會列舉眾多原因來解釋決策未如期執行。事實上，上級關注的不是過程，而是其執行成果，應該將落實成果放在前面講述，根據上級的意願來進行之後的發言。

◆會後不落實等於會白開

會議結束後，還需保證會議決議的執行，透過會議紀錄來顯示會議的關鍵內容及會後需落實的決策，並建立了完善的會議監察體系。為了保證決策執行，將工作任務分配給具體的人來負責，並進行時間限定。

在某集團，所有部門的會議頻率都不低於一週一次，並會定期召開月度會，每三個月還會召開季度會，中間還有一次半年總結會，而每年的年會也是各個部門都非常重視的。

集團推出的任務追蹤體系，能夠以具體的標準來評估決策執行情況，從而確保公司會議決議的落實，展現會議的價值。在會議結束之後，該體系能夠明確顯示負責人的具體分配、執行任務的時間，當前的落實情況等。負責人以此為參考，如實匯報自己已經做完的任務，明確接下來需要解決哪些問題，並推測自己完成任務所需的時間，與規定時間是否衝突等等，由專門人員負責資訊的輸入，專案負責人則根據系統的資訊顯示來查核自己的落實情況，在任務執行期間，系統還會根據預定進度發出提示資訊，保證執行者能夠在規定時間內完成自己的工作。

憑藉高效的會議監察體系及任務追蹤系統，保證了會議組織、召開及執行效率，而不是重複性地強調會後的工作落實。

第 2 章
重新建立會議管理制度

——— 建立新型會議管理制度 ———

　　一個組織機構要想建立內外聯繫，讓資訊實現縱橫溝通，推動組織的方針政策貫徹落實，讓內部員工明確自己的職責，協調並解決各種經營管理問題，就必須建立科學的會議管理制度。

　　一個企業的文化內涵、精神理念，管理者的管理風格與管理偏好都能透過會議模式表現出來。在現實生活中，會議形式主義是一種極為常見的現象，對於相關職能部門來說，如何建構一種新型的會議管理體系，消除會議形式主義，實現內容規範化、實施高效化、形式簡潔化至為關鍵。

◆ 會議管理的對象

　　從法律層面來劃分，會議可以分為法定會議和自定會議兩種類別。法定會議為企業定期召開的股東大會等等；自定會議指的是企業以自己的需要為依據為了達到某種目的召開的會議，是一種日常管理手段。

　　從會議內容方面來劃分，會議可以分為投資會議、財務會議、銷售會議、生產會議、人事會議等等。

　　從會議目標方面來劃分，會議可以分為決策會、討論會、碰頭會、通報會和協調會等等。

　　在上述幾種類別的會議中，法定會議及企業員工必須參加的外部會議是企業的「硬成本」；部門內部召開的會議及基層會議的成本與效益則會透過部門或部門負責人的責任考核反映出來；跨部門會議不僅會占用

兩個或兩個以上部門的資源，還具有很強的管理示範意義，對於中高層管理者來說是一項非常重要的工作。所以，下面我們以跨部門會議為會議管理對象，對會議管理制度的建立、實施及效益評價進行分析。

◆ 會議管理的目標

會議效率最大化就是會議管理的目標。效率指的是投入與產出之間的比率，就是根據會議目標選擇會議程序，在效益一定的情況下追求成本最低或在成本一定的情況下追求效益最大化。要想讓會議效益實現最大化，首先要明確會議目的，以會議目的為中心對會議進行組織、計劃與安排，在現代價值工程理論中，這是精華所在。

雖然不同的環境與文化會催生出不同的會議模式，衍生出不同的會議目的，比如，有的會議目的是蒐集、加工資訊，有的會議目的是有效溝通，有的會議目的是做出決策，有的會議目的是做好事前準備與現場控制等等。但無論是何種會議模式，出於何種目的，在決策正式釋出之前，會議都是必經環節，也是管理者上傳下達的主要方式。所以，簡單來說，會議召開的目的可以概括為四點，就是決策、協調、評價、報告。

—— 體系框架 ——

◆ 會議體制建立

　　會議體制指的是以企業自身的管理特點及需要為依據做出的制度化的會議安排。透過會議體制的建立，部門之間就形成了資訊溝通週期，為工作安排、數據準備、問題的集中解決提供了極大的方便。同時，在會議體制建立的過程中，企業可以按照效率原則對各種會議之間的關係、目的進行梳理，減少會議重複次數，提升會議效率。以一定的穩定性為前提，會議體制可做出適當地調整。

◆ 會議程序安排

　　會議程序化有兩大優點，一是消滅形式會議，一是優質、高效地完成會議目標。會議召開之前的資訊傳播有利於做好準備工作，節約會議時間；會議結束後的決議回饋能讓會議更加嚴謹，保證會議決策全面落實，保證會議效果。具體來看，會議程序安排包括四方面內容：

（1）在會議召開之前，主辦方要做好通知工作

　　比如發送會議通知，將其派送或寄送給擬出席者，擬出席者簽字或者蓋章之後收回。會議通知單要包含以下內容：會議名稱、會議舉辦時間和地點、會議內容、會議預訂時長、出席者姓名、出席者要準備的數據、是否可以代出席、擬出席者簽名、變更或修正意見、委託出席事項等等。

如果返回的會議通知單上有擬出席者提交的變更意見，且主辦方接受該意見，就要重新派發一次通知單。透過這個環節的工作，無論是會議的主辦方還是會議的出席者都會對會議內容有一個大致的了解，使會議緊湊而有序，從而達到良好的會議效果。為了防止會議時間被浪費，在會議召開之前派送會議內容非常必要。

（2）會議召開

在會議召開的過程中，主辦方要嚴格控制會議時長，不要超時；要控制議題的討論方向，不要偏題；要對展示的數據做好充分準備，如果召開的是電子化會議，主辦方要準備好會議所需裝置，並配備專業的操作人員等等。

（3）會議紀錄與回饋

在會議召開的過程中，會議紀錄人員要做好會議紀錄，保證其內容與會議內容一致，整理之後將其交給相關人員簽字，作為會議檔案儲存下來以便日後查閱。會議紀錄的整理也要遵循高效原則，比如有企業規定在會議結束2天內完成會議紀錄的整理工作。該環節的目的是明確各方責任，增強與會人員的責任心，增強整個會議的嚴肅性，以確實提升會議品質。

（4）會議決議與執行情況監督

在會議結束之後，主辦方不僅要擬定會議決議，釋出制度、措施，還要監督會議決議的執行情況，如果執行情況不好，主辦方就要再次召開會議該問題進行重申，制定解決方案。此時，整個會議又會進入會議召集程序。

　　為了做好會議程序安排，有的企業對數據準備、會議紀錄格式、決議報告等內容做了相關規定，使其成為相關部門日常工作的一部分，以明確各方責任，確保數據品質與會議準備品質。

◆ 會議責任評價

　　會議收入紀錄是在某種猜想、假設的基礎上產生的，其本質是虛擬收入，因此對會議收入進行核算非常困難，再加上設計收入核算系統要面臨較大的風險，降低了計量結果的可信度。另外，經營活動中經常出現一些不確定因素，面對這些不確定因素，會議可能會增加一些臨時任務，在這種情況下，就不能再將其作為費用中心來管理了。因此，企業最好從效益出發對會議責任進行評價，並將該項工作交給相關部門負責，由相關部門對會議責任進行評價，並將評價結果告知主管部門，以保證職能完整的情況下提升責任效率。

　　總而言之，會議管理制度的建立要遵循「以現實為基礎，循序漸進，適時而變」的原則，以大量的調查分析與認真測算為基礎找到最合適的管理方法。這個過程切忌本末倒置，管理成本過高會使創新與變革受到不良影響，向管理要效益是一個非常困難的過程，企業要具備足夠的理念、決心與行動，否則很有可能一事無成。

──── 改革的四項措施 ────

隨著企業規模的發展壯大，其業務的複雜性程度也會不斷提升，這對企業管理者提出了更高的要求。某些事務的處理橫跨不同領域，需要不同部門的員工相互合作，發揮各自的優勢與特長。所以，企業要透過會議方式制定決策、下達任務。不少企業的管理層人員也將會議視為有效的管理手段。

在會議召開期間，與會的管理者需要在掌握具體情況的基礎上提出自己的見解，與其他與會者進行溝通，彼此交換意見，制定合理的決策。為此，管理者需在會議中投入時間與精力。時間對企業的重要性不言而喻，企業高級管理層的時間更加寶貴。要做好不同管理者之間的時間協調工作並不容易，如果因為會議安排打斷管理者原本的工作計畫，則會造成企業的損失。

換個角度來說，企業對某項業務的時間投入，也能表現出企業是否關注此項業務的發展，如果企業對其給予足夠的重視，自然也會為其提供資源支持。如果企業重視某項業務，就會拿出時間進行管理。為降低業務的風險性，企業需要安排好時間及資源分配，並透過會議方式進行管理。

當前，已經有很多企業高層在業務管理，特別是會議管理方面出現了問題。相比之下，企業在單個會議的組織及召開方面不存在大的問題，但很多企業忽視了會議體系的管理，也沒有處理好會議之間的關係。而要充分發揮單個會議的價值，就要對會議體系實施改革。為了使企業的會議管理更加清晰明朗，企業應該採取如下改革措施：

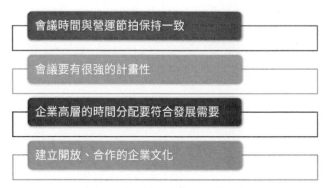

圖 2-1 會議管理改革的四項措施

◆ 會議時間與營運節拍保持一致

　　企業透過會議召開實施管理，其管理則需符合整體的業務發展需求。所以，企業管理層的決策會議，應該與業務展開進度相吻合，在業務決策密集的時期，應該保證會議組織的有效性。管理者需要明確自身的業務特點，對自身營運規律進行年度總結，透過分析，找出決策密集的時間段，為會議安排及管理人員的時間協調爭取更多的時間，保證會議的高效組織與召開。

◆ 會議要有很強的計畫性

　　臨時會議的組織與召開經常伴隨著意料之外的情況，會給企業帶來巨大損失，也會打斷與會人員原本的工作計畫。如果企業頻頻召開臨時會議，則會給企業管理帶來許多不可控因素，干擾業務的正常營運秩序。雖然企業在營運過程中需要面臨並處理突發事項，但對於那些能夠減少的意外情況，應該做好預期工作。管理者應該提前做好計畫，事先安排必需的會議日程。如此一來，與會者才能提前做好時間排程，並做好會議相關的數據準備與蒐集工作。

◆ 企業高層的時間分配要符合發展需要

企業的整體營運與發展涉及不同業務領域，企業管理層人員需要合理分配時間，避免因主觀因素影響整體的發展。有些企業部門與總部共享辦公區域，能夠在短時間內了解企業的發展情況，就部門相關問題與企業高層展開交流，在得到管理者指示後迅速執行決策，並就執行結果及相關問題與高層進行探討，這樣容易導致企業高層的資源在其他部門投入不足，影響了其他部門的工作發展，給企業發展帶來負面影響。

為了推動企業發展的協調性，應該針對不同業務領域，設定相應的會議頻率，透過這種方式保證重點策略的實施，並避免忽視其他業務領域。

會議管理涉及諸多方面，進行會議室安排、及時發放會議通知都只是淺層次的會議管理，而其實際操作遠沒有人們想像中那麼簡單。會議管理是以企業高層的管理為切入點，最終實現企業管理。隨著企業規模的發展壯大，會議體系需保持其營運的穩定性與持續性，會議管理者應該前安排會議時間、明確會議類別，確定與會人員，並掌握會議召開所需的數據及檔案，列出會議中需要做出的決議等等。只有提升會議管理的計畫性，才能為總體企業管理提供有效保障，減少對業務營運的干擾，使企業的整體營運能夠按照計畫正常進行。

◆ 建立開放、合作的企業文化

企業文化代表著一個企業的價值理念，是企業的精神內涵，企業的日常營運會反映出其整體價值取向，會議組織也不例外。有些企業為了促成不同部門的合作，需要就各類問題召開會議，這種現象既反映出企業部門間溝通成本難以降低的問題，也反映出企業文化需要進一步完

善。優秀的企業文化能夠促使企業內外部之間的合作，從而幫助企業實現管理成本的有效控制。如果企業文化不具備開放性，難以促成各部門間的合作，就會導致不同部門間彼此獨立，在需要部門合作解決問題時，各部門無法齊心協力，在這種情況下，企業內部的協調會也很難解除部門之間的隔閡。

立足於本質層面來分析，具備開放性、合作性的企業文化具有如下三點優勢：第一，能夠使所有管理層人員改變以往的封閉式思想，加強不同部門間的聯繫，為實現企業共同目標聯合起來，使各部門間溝通順暢，實現資源整合；第二，弱化企業組織在傳統模式下的等級制，方便企業內部的溝通交流，精簡機構設定，減少官僚主義出現的風險；第三，能夠形成開放的辦公氛圍。可以去除辦公室裡的間隔，在必要時建立矩陣型團隊組織，從而提升企業整體營運的效率，縮減溝通成本，提升會議效率。

── 責任核算與評估 ──

　　如果沒有恰當的考核與評估，會議管理就會流於形式，為了避免這種情況發生，會議管理要做好責任核算。

◆ 會議責任核算涉及部門

　　會議效益評議、會議成本歸屬協商等問題都應交由主管部門負責，對於跨部門的中高層會議來說，這個主管部門就是經營管理機構。經營管理機構要在定期召開的部門會議上對會議效果做出評議，將評議結果在部長會議上公布出來。

　　報告核算與回饋工作應由記錄部門負責，一般會交由財務部門負責。考核對象與責任中心一般是會議主辦部門，因為該部門的職能既定，在職能履行範圍內可以對會議召開次數、召開時間做出決定。另外，如果會議是專門為某個部門協商某個事項召開的，主辦方要和該部門協商費用問題。

◆ 會議責任成本

　　在部門單獨核算與考核體制下，「會議成本」要列入「管理費用」的三級明細帳號，二級資訊帳號要設為「部門」。每次會議結束，主辦方都要將《會議通知書》的複印件交到財務部門核算會議成本。對於會議成本核算來說，記載著會議時長、會議出席者名單等內容的《會議通知書》是原始憑證。

　　為了保持總帳平衡，財務部門要按內部核算的方式進行內部轉帳。在會議管理的各項內容中，會議成本是難點。會議成本是衡量效益的一個重要指標，沒有包含在管理費用中，而是一個單獨的內容。為了選擇合適的成本確定方法，企業要利用專業的財務知識反覆設計、估算、驗證。

　　某公司為了更好地核算會議成本，建立了一個公式：

　　會議成本＝直接成本＋間接成本＋直接費用

　　直接成本＝會議時間＊（與會管理人員數量＊與會管理人員每分鐘薪資＋一般與會人員數量＊一般與會人員每分鐘薪資）

　　間接成本＝會議時間＊每分鐘會議消耗的費用，其中會議費用包括會議室、電話、空調等設施的折舊費用，會議專職服務人員的薪資等等。為了方便計算，每分鐘會議消耗的費用可用年度預算標準值替代，年度預算標準值＝年度會議費預算／年度會議時間預算

　　另外，與會人員每分鐘的薪資也可以用年度預算標準值代替。

　　直接費用＝標語製作費用＋飲料費用＋餐費＋辦公用品費用等等。

◆ 會議責任報告

　　企業的財務部門要定期向各部門回饋會議成本數據，各部門要以此為依據製作《會議分析報告》，將會議目的、會議決議、會議實施進度、會議產生的直接效果與間接效果、會議成本、會議分析說明等內容明列出來，將其交給主管部門，主管部門可以此為依據進行評價。

── 提升效率的策略 ──

企業需要透過會議組織與召開，進行決策制定，並處理發展過程中出現的各類問題，但很多企業面臨會議效率低下的問題，為企業帶來巨大損失，且影響企業的正常工作進程。

不可否認的是，在企業發展過程中，開會確實是解決很多問題的有效方式，在企業發展的關鍵階段，會議的重要性尤其突出。現階段企業需要採取措施來管理會議，提升會議效率，充分發揮會議價值，為企業在發展過程中面臨的問題提供有效的解決方案，從而鞏固企業在市場競爭中的優勢地位。那麼，企業可以從哪些方面著手呢？

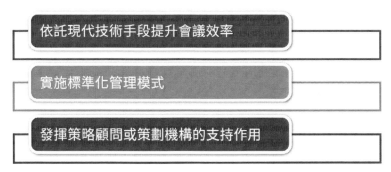

圖 2-2 提升會議效率的實戰策略

◆ 依託現代技術手段提升會議效率

不少企業忽略了先進技術的應用，導致會議相關的數據分析面臨重重困難。在網際網路時代下，企業完全可以利用網路影片的形式召開會議。有的大型企業在不同地區乃至不同國家設有分公司，以前，各個地

區的管理者為參加集團統一召開的會議，不得不跨越遠距離提前趕到目的地，耗時耗力且增加公司的成本支出，如今網路視訊會議能夠有效解決這個問題。

　　企業還應積極採用現代化媒體技術手段來提升會議效率。實力型企業在組織與召開企業會議的過程中，經常使用多媒體工具來進行數據分析與展示，對各個經營地區的市場發展情況、客戶分布、公司的銷售策略布局，還有競爭對手的發展進度、產品優勢、市場布局情況等進行分析，並用曲線圖示出公司最近的產品銷量浮動，輔之以其他技術工具，對企業現有的銷售策略進行價值評估，及時發現問題並予以糾正。透過這種方式使會議期間的數據分析簡潔明瞭，進而提升會議效率。

◆ 實施標準化管理模式

　　標準化的會議管理能夠減少隨意性，按照既定標準對每個環節進行嚴格要求，有效提升會議效率。這方面最具代表性的實踐者當屬麥當勞。標準化在麥當勞的經營過程中隨處可見，包括漢堡包的製作過程、衛生清掃過程、消費者投訴問題的處理過程等等，除此之外，麥當勞的會議召開也嚴格遵循既定標準。相比之下，許多企業的會議召開缺乏明確的標準規範，會議期間市場發生意外情況，降低整體會議效率。

　　全球最大的啤酒公司英博集團總部位於比利時，該公司採用標準化的會議管理模式，有效提升了企業的整體工作效率。在這種模式下，公司的管理者能夠憑藉一己之力對多個區域的經營實施全面而有效的管理，並使得上千名員工各司其職。英博集團的會議標準化主要表現在：會議的議程設定、與會者選擇、主持人委任、會議決策制定、會後落實等各個環節，企業不妨借鑑英博集團的優秀經驗。

◆ 發揮策略顧問或策劃機構的支持作用

　　有些小規模企業能夠獨立召開小型會議，但涉及重大會議，比如策略研討會、產品釋出時，由於企業管理者本身的經驗不足，又沒有專業顧問提供指導，無法完成會議組織與召開，也難以保證最終的會議效果。在這種情況下，企業可以向策略顧問尋求幫助。

　　策略顧問能夠擔任企業會議的組織者，在了解企業具體發展情況的基礎上，根據自身掌握的專業知識確立會議議程，確保企業能夠透過會議召開選擇適合自己的策略決策。如今，企業不僅要面臨激烈的市場競爭，同時還要應對市場需求的變化，而策略顧問恰好能夠為提供建設性的參考意見，是企業在組織召開重大會議時的不錯選擇。

專案會議管理的操作方式

隨著經濟的迅速發展，各個領域的工程專案都實現了蓬勃發展，對於企業來說做好專案管理至為關鍵。在專案管理的眾多工作中，專案會議是一項非常重要的工作內容。作為溝通管理的一種方式，會議是否經濟、有效，在何種情況下召開何種類別的會議才能推動專案更好地完成至關重要。

◆ 專案會議的分類

圖 2-3 項目會議的分類

專案管理要經歷 5 個工作流程，分別是專案啟動、專案計畫、專案實施、專案控制和專案收尾。其中專案實施階段涵蓋了三大關鍵內容，分別是專案實施進度、實施費用和實施品質。在專案實施的過程中，這三項內容要相互協調、相互適應。在專案實施的過程中進度、費用、品質這三項內容相互協調、配合，就構成了專案管理的三座標管理體系。

具體來看，專案會議包括專案啟動會、計畫進度與品質問題協調會、交付使用者驗收會、技術狀態評審會等等。

（1）專案啟動會

合約簽訂，專案啟動會開啟，與會人員包括專案發起人、客戶經理、專案團隊成員和專案經理等等。專案啟動會的主要內容包括：專案概述，對專案範圍及交付成果進行簡介；建構專案團隊，明確成員職責；釋出進度計劃；討論專案管理辦法，包括專案費用、專案品質、專案計畫等等；對專案風險進行預估，採取合理的措施予以規避。

（2）專案計畫會

專案計畫會的主持工作要交由專案經理或計畫主管負責，專案團隊成員、生產加工人員、器械採購人員等都要參加會議。專案計畫會的主要內容有：

1. 確定里程碑，規劃專案完成的方法，明確活動和任務之間的關係與展開順序，編寫詳細的專案計畫，做好任務分配工作。
2. 參照專案時間表制定各種計畫，比如專案進度計畫、品質計畫、成本計畫、溝通計畫、專案採購計畫和風險控制計畫等等。
3. 對計畫執行過程中制約任務完成的各方關係進行協調，保證專案能按計畫有序完成。

（3）專案例會

一般情況下，專案例會都是由專案經理主持的，與會成員包括專案團隊成員、專案負責人和客戶。為了做好專案會議管理，要定期召開專案例會，會議的時間間隔要根據專案持續時間與合約要求來確定，一般有日例會、週例會和月例會。

專案例會的主要內容包括：

1. 介紹專案進展，明確里程碑。

2. 報告專案進展，比如進度是否與計畫一致，如果進度偏離了計畫，那麼導致進度偏離的原因是什麼，要採取何種促使予以解決，在接下來的工作中要採取何種措施防止再次偏離等等。

3. 報告專案執行過程中出現的問題和將來有可能發生的問題，探討問題解決措施和潛在問題的應對措施。

4. 以專案進展及需要完成的工作內容為依據，對專案完工日期及成本進行預測，將其與專案目標和基準計畫放在一起進行比較。

明確專案實際耗費成本、實際進度與計畫間的差異，如果專案提前完成這個差異就是正值，如果專案沒有按時完成或預算超支，這個差異就是負值，如果差異是負值，就要找出其中的原因。

在某些情況下，在專案例會上，與會人員可提出一些措施來獲得經理批准，比如為了讓專案在計畫時間內完成，可以在例會上申請加班權等等。另外，針對專案執行過程中出現的問題，專案經理可要求召開問題解決會議，以探究出更科學的糾正措施。

第五，要告知客戶及專案負責人一些應注意的事項，比如提醒客戶簽署某些文件等等。

（4）專案技術狀態評審會議

如果專案屬於研製專案，那麼在專案定義及專案設計階段都要召開技術評審會議，以保證技術方案、研究成果等都能得到專案業主及客戶的認可。評審會議的內容有方案設計、設計鑑定、樣機評審、專案驗收等等。

比如方案設計評審會要根據研製總要求或合約編寫技術方案，邀請客戶或客戶代表、同行專家、上級機關主管、配套單位主管等人士參加會議，對其進行符合性評審，最終形成評審報告。評審報告要包含評審意見、會議紀要、評審組員簽字名單等內容。

(5) 解決問題的會議

解決問題會議要按照以下 9 個流程召開，分別是：描述問題 —— 明確問題成因 —— 發掘問題解決方案 —— 對各種可行方案進行評價 —— 確定最佳方案 —— 修訂專案計畫 —— 實施解決方案 —— 明確問題解決效果。

在解決問題的會議召開之前，專案經理要明確會議目標，目標要以結果為導向，具體、可測量、可實現。

◆ 會議管理人員組織結構及分工

會議管理人員包括會議主管、會場助理、會務祕書、車輛票務助理、餐飲住宿助理等等。

圖 2-4 會議管理人員組織結構

（1）會議主管

會議主管的主要工作是做好會議前期策劃，落實各項會務工作。

（2）會務祕書

會議祕書要輔助會議主管將各項會務工作落實下去，形成會務手冊與會議決策表。除此之外，會務祕書還要負責發放會議通知，蒐集、整理各種會議代表的資訊，預訂會議室食宿地點，預租會議車輛，組織並落實會議議程。

（3）會議現場助理

會議現場助理的工作內容是按照策劃表策劃會議現場，包括布置會場、製作會標、列印並擺放參與代表的座籤、發放並回收會議問卷、準備茶水、列印會議召開過程中產生的文件等等。

（4）住宿餐飲助理

住宿餐飲助理主要負責做好會議食宿工作，包括安排會議代表簽到，預訂並分配房間，做好住宿表，安排會議代表用餐等等。

（5）車輛票務助理

車輛票務助理的工作內容包括前往各站點接送會議代表、接送會議代表往返會場、合理地排程會議臨時用車、做好會議代表返程資訊的蒐集工作、統計好會議代表的返程車票、幫會議代表購票或退票等等。

◆ 會議管理實踐

某單位承接了一個專案的研製任務，按照合約要求，該單位要組織正樣裝置技術狀態評審。會議主管接到評審會召開任務之後，按照會議

流程做了前期策劃，形成了策劃表。之後，會議主管組織召開了預備會，將會議背景、會議內容、與會單位等情況做了通報，並根據策劃表分配了任務，並為各項任務分配了負責人。

預備會議結束之後，會議祕書擬製並發放會議通知，通知與會代表與專家，形成與會人員名單。同時，會議祕書還對參與評審的樣機技術檔案予以落實，比如樣機研製工作總結報告、檢驗大綱、品質分析報告、檢驗報告等等。

在評審會議召開之前，會議助理預訂好了會議室，並按照要求布置會場，比如製作會標，列印、擺放與會代表的座位標籤，發放會議資料，準備投影機、擴音裝置、幕布、筆記型電腦等裝置，為會議的順利進行做好保障工作。在會議開始之後，會議助理管理與會代表簽到，管理評審組人員簽名，列印會議召開過程中產生的各種資料，為與會人員準備茶水等等；在會議結束之後，會議助理負責做好會議現場的清掃工作。

負責與會代表食宿的餐飲住宿助理事先為與會人員預訂了飯店，並參照活動安排及秩序製作了會議行程表，將行程表事先放在各個房間中；參照與會代表名單確定食宿人員，為其安排住房和餐食，形成與會代表食宿表。

車輛票務助理根據與會代表的聯繫方式，蒐集與會代表的來往行程，如有必要，請與會代表填寫訂票單或送站單，根據單據購買車票，安排車輛接送。同時要安排車輛接送與會代表往返於會場與飯店。

透過這一系列工作，評審會如期舉行，圓滿結束。

基層會議管理的操作方式

◆ 基層組織處理會議議題的方法

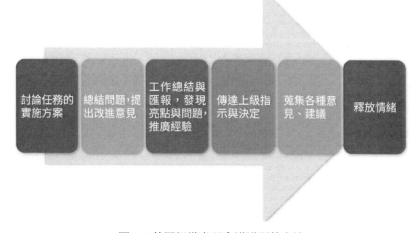

圖 2-5 基層組織處理會議議題的方法

（1）討論任務的實施方案

　　在會議組織者已有方案，團隊成員能力有限的情況下，會議組織者可以直接拿出方案，向與會者講解，聽取與會者的意見，完善方案。也就是說，在這種情況下，會議要以傳達為主，聽取大家的意見為輔。

　　在任務比較複雜，團隊成員能力較強的情況下，會議組織者就要先聽取與會者的意見，再確定方案。至於意見取捨問題，要在開會之前就完成，要讓意見與觀點的收放實現平衡。也就是說，在這種情況下，會議要重點聽取與會者的意見，共同形成解決方案。

（2）總結問題，提出改進意見

一般來說，工作都要交由基層員工完成，所以，工作流程的制定與修改要加入基層員工的意見與建議。在會議討論的過程中，在問題出現之後，主持人要尋根究底發現問題的根源，以便工作能順利展開，制度能有序形成。對於基層員工來說，在此類會議上，他們能學到很多知識；對於管理者來說，透過這種會議能與基層員工親密接觸，建立情感聯繫。

（3）工作總結與匯報，發現亮點與問題，推廣經驗

在基層會議上，主持人要鼓勵業務菁英多分享經驗、知識與觀念，對團隊產生有益指導，讓更多基層員工發展成為菁英與骨幹。

（4）傳達上級指示與決定

對於上級已決定的事項，主持人不僅要傳達出來，還要解決與會者提出的問題，讓團隊成員服從上級指揮，將工作落實好。

（5）蒐集各種意見、建議

在提出一個議題之後，主持人要組織與會人員交流討論，蒐集與會人員提出來的意見與建議，及時了解基層員工的想法，以催生出更有效的解決方案。

（6）釋放情緒

工作一段時間之後，團隊成員會產生一些不和諧的情緒。會議召開就為這些情緒的發洩提供了一個有效途徑，情緒發洩出來之後，員工之間的關係才能更加和諧。但是在情緒發洩的過程中，主持人要做好引導工作，以免發言者情緒失控，演變成人身攻擊。

◆ 會議控場

為了保證會議能達到預期效果，必須做好會議引導與控制工作。一旦會議失控，不僅問題得不到解決，還會誘發很多其他的問題與矛盾。

1. 主題：無主題無會議，這是會議召開的一項基本原則。在會議召開的過程中經常出現以下問題：與會人員圍繞一個非議題問題爭吵辯論，或者與會人員在會議召開的過程中接入一些其他話題，會議討論演變為聊天閒談。面對這些情況，主持人要牢記會議主題，及時引導，防止會議主題偏離預訂方向，影響會議效果。

2. 準備：一個高效的會議，在開會之前組織者與與會人員要做好準備工作，比如組織者要通知與會人員按時參加會議、做好會前提醒、明確會議議題、準備會議數據與資料、發言者要準備好自己的觀點等等。如果會前相關人員沒有做好準備，一問三不知，會議就難以達到預期效果，自然也不能有效地解決問題。

3. 選擇與會者：會議水準與最終達到的效果取決於會議參與者及其參與會議的程度。所以，會議組織者要做好與會者的選擇工作，明確必須參與者與選擇性參與者及各參與者所扮演的角色及承擔的任務。選擇正確的會議參與者，將其才能發揮出來，才能讓會議達到預想的效果。

4. 發言控制：每場會議召開的時間都是有限的，所以，主持人要控制每一位發言者的發言時間，讓其盡量用最短的時間將觀點清楚地闡述出來。其次，主持人要控制發言者的發言內容，防止內容脫離會議議題；最後，主持人還要控制發言者的情緒與語氣，以營造良好的會議氛圍，讓與會者可以暢所欲言，講出自己真實的想法，以達到會議目的。

5. 及時總結：主持人要及時總結會議發言和成果，以免有價值的內容被忽視。

6. 態度鮮明：除腦力激盪類的會議之外，會議主持人的態度要明確，以防與會者爭吵不休，防止會議主題偏離正確的方向。

7. 化解不必要的爭論：一場高效的會議需要爭論，但是如果爭論過多就會使會議討論受到不良影響。所以，會議主持人要及時終止不必要的爭論，對有意義的爭論進行引導，防止其演變為爭吵，從而將爭論的價值發揮出來。

◆ 記錄、紀要、跟進

1. 記錄：重要的會議需要安排專人負責記錄，防止重要的觀點與結論遺失，為將記錄整理成紀要和最終的會議成果提供方便。

2. 紀要：會議形成的成果要以紀要的形式發送給相關人員，只有這樣，成果才能落實、執行。

3. 結論：如果會議需要結論，就必須在會議結束之前形成結論，並將結論及時公布出來。

4. 落實與跟進：會議形成的方案必須實踐才能收穫成果，方案落實需要有序跟進。

◆ 初級管理者克服對會議的恐懼

如果會議主持人是初級管理者，當他們面對年長且資歷深厚的與會者時會緊張、忐忑，這是人之常情。但是初級管理者要想主持好會議，就必須克服這種恐懼心理。初級管理者恐懼會議的原因在於對與會成員不了解，不能很好地掌控他們；不能有效地掌握議題進行；對發言者的觀點理解不深入，不知道如何取捨。基於此，初級管理者要克服對會議的恐懼，可以從以下幾點著手。

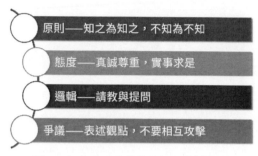

圖 2-6 初級管理者克服會議恐懼的方法

（1）原則 —— 知之為知之，不知為不知

身為初級管理者，對很多事情不了解、不知道是人之常情。在會議召開的過程中，如果遇到不懂的問題，初級管理者不需要不懂裝懂，完全可以大方地承認自己的不足，虛心向與會者請教。多問、多思、慎重地下結論，會消除緊張與恐懼。

（2）態度 —— 真誠尊重，實事求是

與會者能否不遺餘力地提出問題的解決方案，取決於會議主持人的態度。初級管理者身為會議主持人要真誠地向與會者求教，對與會者給予最大的尊重，讓與會者心甘情願地獻計獻策，提升會議效率與效果。

（3）邏輯 —— 請教與提問

初級管理者組織召開會議的目的是向與會者請教，為了達到目的，初級管理者不僅要保持真誠尊重的態度，還要在會前準備一些問題、對策與建議，形成解決方案，防止會議目標落空。

（4）爭議 —— 表述觀點，不要相互攻擊

討論與爭議是共生的，爭論不可怕，只要初級管理者做好引導與控制工作，將爭議的作用發揮出來，防止其演化成相互攻擊即可。

—— 融合會議模式 ——

如今，全球經濟一體化程序不斷加快，與此同時，企業也更加注重資訊化及現代化建設，在此大環境下，越來越多的企業開始進入國際市場，在這個過程中，無論是企業內部還是外部的溝通與合作都非常重要。擅長進行溝通與合作的企業，能夠以良好的狀態維持日常營運，並向持續、穩定、健康的方向發展。

隨著企業的發展，其業務範圍也會逐漸拓寬。隨之而來的，是業務邊界的模糊，企業可能增設分支機構，員工需經常出差，移動性顯著增強等。這個時候，企業內部的溝通難度會提升，包涵的複雜性因素也會增多。為了提升溝通效率，控制成本消耗，企業需採取哪些措施？

一方面，企業在發展過程中，其內部的架構方式並非一成不變，矩陣式組織方式得到眾多大型企業的青睞，與此同時，大批企業開始建立虛擬團隊來展開重要專案，在這種模式下，團隊成員的地域分布不集中，致使彼此之間的溝通受時間、距離等因素的限制，若員工頻繁出差則導致公司的成本消耗提升。為了提升合作效率，企業需採用同步溝通方式。

另一方面，企業在發展過程中需展開眾多互動活動，這些活動既包括面向內部人員的員工培訓，也包括面向外部客戶的產品演示、專業培訓等等。無論是哪類活動，相關人員都需進行大量互動溝通，若企業仍然侷限於傳統互動方式下，依靠員工出差來解決這個問題，無疑會給企業的成本控制帶來不利影響，再者，溝通不及時容易導致客戶產生怨言。

　　除此之外，大型企業的營運都離不開流程。無論是企業組織培訓、員工出差，還是面向客戶展開培訓活動，都需要按照既有流程來實施。但企業以往的流程運作方式可能給企業帶來成本壓力，為了解決這個問題，管理者需進行流程優化，在實現成本控制的同時，加速整個流程運轉，提升整體工作品質。

　　在認知到溝通合作的價值之後，企業紛紛開始加大對資訊設備的投資力度，在內部打造獨立的通訊系統。比如，部分公司配備了高畫質視訊會議系統；部分公司搭建了自己的統一通訊系統，為內部成員的及時溝通、會議討論、資訊傳遞與釋出等提供方便。即便如此，若企業不及時改革，其視訊會議系統與通訊系統之間難以對接，員工也無法在不同終端之間自由切換，這無疑給成員間的溝通合作帶來阻力。那麼，為了提升員工使用同一通訊系統及會議影片系統的體驗，企業應該採取哪些措施？

　　一間跨國的科技公司在解決企業溝通合作問題方面進行了有益探索，並推出融合會議模式。所謂融合會議，就是將企業內部的高畫質視訊會議系統與統一通訊系統連線起來，允許使用者以多元化終端切入，在參與多媒體融合會議時，可不受時間、地點等因素的限制，能夠與其他成員進行及時的互動溝通，有效節約企業的成本消耗，為內部員工及企業客戶帶來更多便利。

　　融合會議在媒體層面、體驗層面及應用層面上突破了傳統模式下的限制，提升了使用者體驗。從媒體層面來說，企業利用先進的影片、音訊等多媒體技術舉辦會議，並且不受地域及時間因素的限制；從體驗層面來說，使用者無論是透過移動端、PC 端，還是高畫質影片應用，都可參與企業組織的多媒體會議；從應用層面來說，企業的融合會議系統能

夠對接多種第三方應用系統,方便成員在會議期間及企業日常營運過程中進行資訊傳遞與共享。

融合會議在功能方面表現出如下優勢:

1. 全面會議預定:預訂者在系統提示下選填與會者的性質,由系統自動匹配相應的會議類別,與此同時,還會在此基礎上為預訂者提供相應的線上會議資源,並為其安排合適的會議室。

2. 多元化途徑釋出會議資訊:系統能夠採用包括手機簡訊、郵件、終端資訊等方式釋出會議資訊,並透過 Outlook 日程安排來顯示會議時間及相關內容,使與會者能夠及時接到會議提醒,了解會議相關內容。

3. 以簡潔方式參與會議:透過點選連結、會議列表直接參與到會場中,無需透過填寫會議帳號、密碼來登入,可節省時間與精力。

4. 提升會議管理的智慧化水準:採用先進技術進行會議資源的高效處理、智慧化時間控制,提供高品質圖片,透過數據統計及分析為會議提供支持等等。

5. 明列會議的時間安排、會議要求等資訊,方便員工隨時檢視,進行管理。另外,員工可透過高畫質智慧終端、移動終端、PC 端等多種管道參與到會議中,實現多終端接入,並且能夠將不同終端的使用者體驗統一起來,方便企業內部成員進行及時互動,促進團隊合作。

此外,融合會議因介面開放,可在進行整合化處理後被其他領域所用。舉例來說,教育行業中的遠端授課、醫療行業中的遠端會診、政府部門的遠端會議及合作等等。

第 3 章

展開高效會議的技巧

─── 主要原則 ───

我們在日常生活及工作過程中會參加各種類別的會議，比如：小型的家庭會議，公司的例會、研討會等，但參加的這些會議中，能夠稱得上是高效的會議卻相當有限。那麼，如何才能確保會議有一個較高的效率呢？

企業的會議制度、會前準備、會議時間管理、會議檔案歸檔、會議決策執行等展現了其會議管理能力。對會議出現的問題有清晰的認知後，我們便可以透過有效的應對策略對其進行優化調整，從而提升會議的品質與效率。在會議管理過程中，要在盡量避免上述問題的同時，遵守以下原則：

（1）主題要集中

會議應該設定一個核心主題，從而讓與會人員集中精力，更加快速高效地解決問題。對於那些綜合性的大型會議，核心主題的數量最好控制在三個以內，因為主題越多，會導致參與人員越多，更難達成一致的結論，從而影響會議效率。

此外，與會人員要有一定的決策權，當管理者不能參加時，對於其委派的人員也應該賦予一定的決策權，否則很容易因為沒有決策權而導致無法達成一致結論。

（2）流程要合理

會議流程是否合理直接決定了會議的效率及品質。優秀的會議流程應該具備以下幾個方面的特質：

☑ 盡量讓會議核心主題的負責部門或單位主持會議，而不是一味地讓企業高層主持。

☑ 上級應該最後再講話，先讓各個與會人員充分發表自己的意見與建議，否則很容易因為上級定下了基調而導致與會人員不敢發表自己的觀點。

☑ 要求發言人發言時盡量用數據說話，少談一些空虛的口號、概念，出現跑題時，會議主持方要及時糾正。

☑ 一些不重要的主題的討論應該精簡，而那些重要的議題則應該充分討論，多聽取一線員工觀點，不能簡單地根據幾份數據就做出決策。

☑ 對於那些重要的核心議題，鼓勵與會人員從不同的角度提出觀點，防止出現重大決策失誤。

☑ 能在此次會議上達成決策的，絕不能拖到下一個會議。

（3）時間要緊湊

對會議時長及每一個環節的時長有明確的規劃，普通的會議控制在 1 個小時即可，大型會議可以分階段進行，主持人應該掌握好每一階段的會議節奏。對於較長的會議，要安排合理的休息時間，持續時長過長，也容易導致與會人員精神狀態不佳、注意力分散等。

（4）決議要及時

要進行系統而完善的會議紀錄，確保對會議主題、會議參與人員、發言情況、投票數據、會議決議等詳細記錄，並用規範化及標準化的書面檔案進行落實，以方便後續查詢。

會議結束後，要及時公告會議決議。需要注意的是，會議決議公告

檔案不能像會議紀錄檔案一樣流水帳式的進行說明，而應該更為系統、更有條理。決定釋出會議決議時，要安排幾位相關人員進行檢查，確認後交給決策負責人簽字下發。

（5）手段要先進

PPT 在現代企業的會議中應用已經十分普遍，對於 PPT 應該要求重點突出、觀點鮮明、有足夠的圖表與數據。此外，電話會議及視訊會議能夠有效降低會議成本，並提升溝通效率。發放與會議相關的檔案、數據時，也可以使用 Email、社交媒體等工具。

（6）執行要追蹤

會議決策的執行情況要進行追蹤，特別是那些執行的關鍵環節，要在企業內樹立對會議執行情況進行及時、主動上報的組織文化。

（7）結果要獎懲

採用一定的獎懲機制引導員工執行會議決策是十分有必要的，人都有一種趨利避害的本能，執行某些決策時，可能會傷害到某一部門或者員工的短期利益，此時如果沒有獎懲機制督促員工執行，他可能會為了不得罪人而不去執行。

對於那些積極執行的員工要給予一定的獎勵，比如提供獎金或者頒發獎項等；對於那些不執行決策，甚至多次勸阻後仍不執行的員工要給予必要的懲罰甚至是淘汰。

—— 流程及優化 ——

　　高效會議究竟需要滿足哪些指標？又表現出怎樣的特質？在這裡，對高效會議的主要要素進行分析，企業管理者可以將其視為會議組織與召開的準則，在管理企業會議的過程中，參考這些準則來進行會議優化。

1. 會議要規劃。會議召開的時長及頻率都應該合理，而科學的會議規劃能夠有效達到這一目標。根據企業在不斷發展階段的管理目標及管理水準的差異，對會議的時長及頻率做出有效調整。

2. 準備要充分。所有會議都需要事先準備，無論是出於什麼目的召開會議，例如制定策略、提出計畫、協調利益分配等等，都需要進行認真的籌劃與準備，對會議議程進行了詳細規劃，否則會議效率就難以提升。召開會議前，一定要給各個參與方足夠的準備時間，並且在正式召開以前，積極徵求各個參與方的意見與建議，鼓勵與會人員進行交流溝通，使他們在某些方面達成一致的見解，從而大幅度縮短會議時長，快速制定決策，提升會議的品質與水準。

3. 對會議議題進行稽核，確保召開會議的必要性。所有企業會議都需要成本投入，與會者需拿出單獨的時間參加會議，擱置其他工作計畫。所以，在籌辦會議時，需要評估會議議題的價值，如果能夠以其他形式（比如私下溝通、文字互動等方式）來解決問題，就無需召開會議。

4. 在會議召開前和所有與會人員溝通，提前發放會議議程安排，為與會人員提供會議相關的資料數據，並確保所有與會人員知曉各自的責任，提前進行準備。與會人員的選擇必須做到少而精，要讓那些與議題存在關聯的人員參加，而不能僅為了顯示尊重或盲目追求會議規模，而邀請大量的無關人員。對議題發表意見與建議的與會人員應該是那些議題相關負責人，避免由主管代為匯報，因為管理人員未必了解真實的情況。

5. 明訂會議時間，按照既定的時間開始與結束。時間安排對會議召開來說十分關鍵，會議主持人需要掌控時間，與會者則需在限定時間範圍內清晰表達自己的意見，展開高效的會議討論，從而提升會議效率。

6. 按照既定流程召開會議。除了特殊的緊急會議外，給與會人員留下了足夠的準備時間。在會議召開期間，要根據提前設定的議題展開討論並做好時間分配。如果在會議期間穿插新的議題，與會人員會因缺乏準備而手足無措，很難控制會議時間，會議效率的提升也就無從談起。

7. 確保核心與會人員能按時參加會議，保證會議出席人員的專業性。但凡是召開會議，都應該確保與會者與會議主題之間有密切聯繫，另外，與會人員需要具備足夠的經驗，就核心議題發表獨到的見解，推動會議價值的實現。當會議涉及問題解決、決議制定時，需保證與會者具備專業能力，能夠在會議中與他人交換意見，為會議正常展開提供保障。

8. 進行點評與總結。無論什麼類別的會議，都應該圍繞議題進行專業探討，還要對討論結果進行點評，並得出最終的結論。這樣，與會人員才能根據結論落實會後的工作，展現會議的價值所在。

9. 確定會議決議、建議及落實人員。紀錄人員需列出會議中做出的決議、指導性建議及具體落實人員，對會議決議、回饋意見、各專案執行人及監督人等進行詳細記錄。為會後的執行工作提供保障。

在會議準備階段，就要對照高效會議的要素，評估當前會議的價值，提前準備，確保會議如期召開，並促進整體會議效率的提升。

—— 會議的目標 ——

具有較高效率的會議能夠在讓大部分與會人員感到滿意的基礎上，以最低的時間成本完成會議目標。這其中有三個關鍵點：完成會議目標、最低的時間成本、與會人員感到滿意。下面將對這三點內容進行詳細分析：

◆ 實現既定目標

很多企業會遇到這種問題：在企業定期舉辦的例行會議上，與會人員不知道會議將要討論什麼內容，部門經理在會議剛開始的發言基本就是「這次會議我們需要討論什麼方面的內容呢」、「大家有什麼想要討論的可以現在提出來」。與會人員感到十分茫然，最終會議在討論了幾個無關緊要的事情後宣告結束。

清晰而明確的目標是會議得以高效完成的重要基礎，沒有目標的會議不但無法創造價值，反而浪費了大量的資源。實現會議目標是會議的核心所在，對會議進行考核的首要內容，就是了解其是否完成了目標。

圖 3-3 高效會議的目標導向

◆ 在規定時間內實現目標

　　一家企業的市場部收到客戶發送的通知，要求其必須在上午 11：30 前以電子文件的形式提交年度招標方案，否則就被視為自動放棄競標。收到通知後，市場部經理迅速召集相關部門召開會議，討論競標方案。等到所有與會人員全部到場時，已經到了 9：40，參與人員在會議上進行一番激烈討論，但直到 10：50 仍未能制定出競標方案，此時，負責做方案的業務員不得不站出來表示：「如果 11 點時仍沒有明確方案，就沒有足夠的時間做出競標方案。」

　　在這個案例中，會議效率低下導致必須耗費更多的時間成本才能完成預期目標，不難想像，這種狀態下的出來的競標方案恐怕很難贏得客戶的認可。雖然很多會議並非要求必須在一定的時間內得出某個方案，但會議時間成本的增加會造成企業營運成本的明顯增長，對企業參與市場競爭是十分不利的。

　　在完成會議目標的基礎上，所用的時間成本越低，就意味著與會人員有更多的時間與精力投入到工作之中，從而提升企業的價值創造能力。

◆ 與會者感到滿意

　　很多時候，會議雖然完成了目標，並且所用的時間相對較短，但很多與會人員對會議並不滿意，甚至會議結束後，很多人還沒走出會議室就開始抱怨，這樣的會議即便完成了會議目標，最終的執行情況也很難達到預期效果。

　　當然，滿意並非是讓與會人員對會議結果感到高興，而是讓他們能夠認可這種結果，比如：會議是為了解決組織內部近期內出現的各種問

　　題，這種會議肯定無法讓與會人員感到高興，但會議主持人員將近期內出現的各種問題進行公開討論，並讓與會人員積極發言，共同制定解決辦法，這樣即便有些員工或者部門受到懲罰，他們也會認可這種結果，從而使會議制定出的相關決策能夠真正得以落實。

—— 目標驅動的流程實際操作 ——

　　儘管很多人不願意開會，但不可否認的是，在企業發展過程中，會議的組織及召開確能夠產生積極的促進作用。那麼，如何透過會議的方式為企業發展提供解決方案，從而突顯企業的優勢？

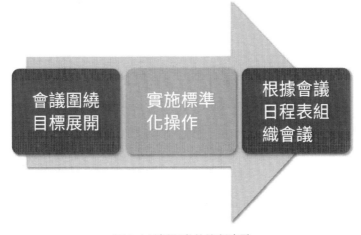

圖 3-4 目標驅動的流程實戰

◆ 會議圍繞目標展開

　　目標的確立能夠為會議組織提供方向指導。會議圍繞目標展開，其價值才能得到彰顯。舉例來說，銷售部門舉辦會議，是為了改進現有的行銷模式，增加市場占有率，在更大範圍內推廣產品，並制定確切指標，使參與人員能夠根據目標展開行動。

　　根據員工工作狀態及情緒調動情況的分析來看，應該在工作日的上午 9 點到 10 點召開重要會議，也可在這個時間段內進行業務商討。大多數員工在上午 10 點到 11 點半、下午 2 點到 4 點之間的思維比較活躍，可以在這兩個時間段內鼓勵員工透過腦力激盪法提出想法。如果會議本身的價值相對較低，則無需太關注時間點的選擇。

◆ 實施標準化操作

　　在制定會議計劃時，需考慮該會議的出席人員、會議時間、會議室、會議召開形式等等。以會議召開形式為例來分析，會議中對重要問題進行商討時，可分為獨立發言、小組討論等形式；關於問題決策，可分為團隊共同決策，以及領導者表決等形式。另外，需要提前設定會議議程，用文件對會議時間、地點、主導內容、流程等等統一整理，並將文件發送給會議參與人員，使他們可以據提前了解會議的各方面資訊，為會議召開做好充分準備，整理好自己的觀點等等。

◆ 根據會議日程表舉辦會議

　　若會議本身涉及眾多內容，容易在召開過程中出現疏漏，為了避免這種情況的出現，就需按照會議日程表舉辦會議。在會議召開期間，主持人應以會議日程表為參考，對會議內容進行查核，按照預定時間及日程設定展開各項活動，避免會議拖沓。若會議召開過程中出現意外情況，還可依照日程表及時做出調整，以免影響整個會議的展開。

提高效率

　　企業要想實現高效管理，就要進行會議精簡。為了提升整體的工作效率，管理者應該提升會議組織及召開的規範化程度，避免浪費與會者的時間與精力。企業想要透過會議召開進行決策制定、討論解決方案，進行工作安排，為了提升會議效率，保證會議品質，必須建立明確的會議制度，使會議組織者、主持人、與會人員能夠相互配合，在有限的時間內達到會議目的。

◆ 高效會議擬採取的措施

　　在了解高效會議要素的基礎上，對企業面臨的具體問題進行分析，透過採取如下措施提升會議效率：

（1）落實會議管理制度

　　透過切實執行會議管理制度，提升會議組織與召開的規範化水準，確保整個會議有序進行，提升會議品質，在會議期間進行決策制定，達成會議目的，透過會議召開為企業今後的策略實施奠定基礎。具體而言，要用會議管理制度對會議類別、會議流程、會議安排及與會者需遵守的原則等進行規範，有關會議檔案、會議決議、會議事項等的落實工作，應該做好具體分工。在會議召開之前，要對會議價值進行評估。明確各個部門的責任，避免人力資源的浪費。

　　某家大型生產製造企業擁有近 1500 名員工，每週二召開週例會，會

議參與人員主要是各部門主管以及生產部的骨幹人員，參與人數在 20 人左右，而生產部與會人員達到 12 人，會議中生產部和其他部門爭吵已經成為常態，導致各部門參與積極性較低，每次都有人請假，而因為生產部和其他部門難以達成意見一致，會議綱要等檔案需要經過多次修改，會議效率低下，決策執行效果不佳。

分析：公司是否存在完善的會議管理制度與流程，雖然週會議每週都要召開，但結果並不理想，我們有理由質疑其必要性，公司高層應該結合公司管理營運實際狀況對是否要召開週例會進行分析，如果必須要召開，也應該建立完善的會議管理制度與流程，對週例會進行規範管理。

週例會的內容主要就是進行階段性工作報告以及下一階段工作任務分配，建議召開會議前，讓各部門提交工作總結及計畫，由公司某位高層擔任會議主持人，掌控會議流程，維護會議秩序，並讓祕書或文字能力較強的人負責寫會議綱要，會議結束前讓各部門與會人員確認並簽字。

上述案例是企業會議管理中很容易遇到的問題，建立系統完善的會議管理體系與流程是確保會議高效展開的重要基礎，但僅有這些是不夠的，還要在會議前做充分的準備工作，多和與會人員溝通交流，化解部門間的矛盾衝突，讓各部門明白會議順利召開能創造的價值。同時，對於違反會議規章制度的與會人員要進行公開懲罰，長此以往，會議秩序、效益及體驗將得到有效改善。

（2）透過充足的準備提升會議效率

會議組織者要提前做好各項準備工作，在正確理解上級意圖的基礎上，將其指導思想融入到會議當中；在會議召開之前，明確會議的時間、地點，針對性地了解會議參與人員的情況；提前做好會議有關事項的安排，制定完善的方案；注重會議組織，協調好各方關係，如果有必要，

要妥善安排與會者的住宿、交通、用餐，做好會議期間的保全工作，避免重要資訊的遺失與洩露，確保會議能夠如期、正常展開，減少意外情況的發生，並做好緊急預案。

◆ 嚴格按照會議目標進行

部分會議效率較低的原因在於，會議沒有圍繞既定主題進行，為了解決這個問題，會議主持人與與會人員必須相互配合，為達到會議目標而共同努力。

（1）按時召開會議

安排好會議期間各個議題所占用的時間，由主持人進行時間控制，將所有人的發言限制在一定時間範圍內，全面地控制會議進度，提升會議時間的利用率，準時結束會議。若在有限時間內無法討論出最終的結果，就要暫時擱置相關議題，放到下一次會議中。如果企業有特殊需要，必須要在會議中得出結論，就要提前向與會人員說明，在會議期間營造良好的氛圍，促使與會者積極發言，提升會議效率，節約時間。

（2）明確會議的核心主題

召開會議是為了達到一定的目標，這是在會議期間不能忽視的一點。會議召開的主要目的包括：制定決策、促進溝通、實施管理。無論是要達到何種目的，都要注重實際行動。可以在會議中對具體行動加以闡明，也可以對行動效果進行評估。如果只是空談理論而沒有行動，會議是沒有意義的。

（3）採用民主化方式

為與會者自由發言提供平臺，在會議討論環節，要調動所有人參與的積極性，在思維碰撞過程中激發靈感。另外，在有人發言時，要避免

他人無端干擾，同時要保證其發言切合主題，在必要時進行打斷。如果各方持有不同意見，需要處理好情緒問題，避免整體氣氛過於緊張。此外，要對會議觀點進行總結。

（4）注重總結

會議召開期間，在恰當時機由會議主持人進行總結，對上一個環節人們發表的觀點、討論的內容進行概括，並形成統一觀點，若總結不到位，則需及時完善。

（5）維護會場秩序

提早通知會議時間，避免有人遲到，如果與會者無法出席會議，需向會議組織者、主持人請假。會議室內需保持安靜，提醒與會者將手機設定靜音。

◆ 做好會議後續工作

會議之後的決策落實及執行情況也能夠對整體會議效率產生影響。為了提升會議效率，會議組織者必須重視會議後續工作。

（1）評估會議效果

評估標準包括：會議目標的完成進度、與會人員的回饋情況等，要對會議中的優秀經驗進行總結，發現問題，不斷改進。

（2）會議數據回收

會議數據包括會議的核心內容、會議議程等，在會議結束之後需要回收。

（3）及時下發會議紀要

在會議期間記錄重要內容，會議召開完畢，要制定會議紀要，列明各項任務的執行者與具體落實時間，還要監測其執行效果，真正展現會議的價值。要知道，會議召開並不是目的，而是為了透過會議為公司今後的工作落實提供有效參考，進而推動企業的進步。

（4）落實與監督

會議最終的落實情況能夠展現會議價值。會議組織者應該對會議決議的執行情況及具體工作的進度進行監督，將結果呈報給管理者，使他們及時了解當前公司的發展狀態。

——— 取消沒有必要的會議 ———

取消一些不必要會議是提升會議效率的一種重要手段。而近幾年，卻有越來越多的企業的會議數量明顯增加，其背後的原因主要包括以下幾種：

1. 隨著企業規模的擴大，組織結構會變得越來越複雜，制定決策時要涉及的因素會越來越多，只能透過頻繁的開會來解決這一問題。
2. 企業專業分工越來越精細化，導致企業內部存在嚴重的溝通壁壘，只要遇到需要進行跨部門溝通合作的事項，就必須開會。
3. 管理者養成了透過會議解決問題的習慣，卻沒有意識到有些問題根本不需要透過會議解決。
4. 企業中的專業人才數量明顯增加，但由於他們從事的領域過於狹窄，導致很難獨自處理工作任務，只能透過召開會議來尋求幫助。

此外，企業管理層召開的區域性會議很容易在組織內部形成大規模的一系列會議。因為各個部門的負責人還會在各自的部門召開部門會議，每個團隊或者工作組又會召開小組會議等。

對於大部分的企業而言，實現高效會議首先應該做的就是減少大量不必要的會議，不斷增加的會議數量不但沒有創造預期的價值，反而形成了嚴重的內耗。

所以，企業管理層在有想要召開會議的衝動時，應該先思考這種會議的必要性，是否還有其他的辦法來解決這些問題？這個會議能不能與

其他的會議進行合併？只有經過了一系列充分的思考後，或者找不到解決問題的其他途徑時，才應該召開會議。

導致區域性會議演變成為全域性會議的一個重要因素就是因為團隊劃分的不合理性。團隊合作如今是一種相當普遍的行為，不過很多企業對於團隊成員的組合及篩選能力卻相當匱乏。一些企業所謂的「團隊」，根本不是一個團隊，而是一個群組，管理層沒有經過深思熟慮就將這些員工組成了一個團隊，這些成員聚集起來後根本難以形成良好的化學反應。

團隊成員之間難以實現高效合作，必然會引發各式各樣的問題，從而需要召開大量的會員來進行溝通、解決問題等。優秀的團隊往往能夠將會議的次數降到極低的水準，因為他們在日常工作過程中形成了默契，能夠透過溝通交流快速達成一致。

會議的目的是為了解決實際問題、制定策略決策等，是企業日常工作的重要組成部分，而不是娛樂活動。雖然與會人員之間的個人關係對會議的品質及效率存在著一定的影響，但會議的主要目的不是為了處理與會人員之間的私人問題。有些人認為在會議上強調這類觀點，可能會讓與會人員感覺這有些嚴苛，甚至讓企業顯得不夠人性化。

這種擔心其實根本沒有必要，它只能證明你對會議管理的了解相當淺薄。當然，對於管理原則的應用存在著更為人性化、更能讓人接受的方式。如果我們想要提升會議的品質與效率，就必須向與會人員強調會議不是社交活動。

當然，在會議前、會議後，及會議休息時間與會人員進行交流溝通、聊聊自己的興趣愛好，分享自己旅行過程中的趣事等是很正常的，也應該被鼓勵，但這類事情絕不應該妨礙每一個與會者在會議上應該做出的工作。

—— 斷絕會議中的消極行為 ——

　　有時，一些人的不恰當舉動會影響會議正常進行，嚴重者還會導致會議無法達到預期效果，對於這些不配合會議展開的人，需採取有效應對措施，減少他們造成會議中的消極作用。這些人包括如下六種，在這裡進行逐一分析。

（1）遲到者

　　有些人會因為某些原因無法及時趕到會場，根據不同類別的人，採取不同的應對措施。針對故意遲到者，應在會前及時提醒，若提醒無用，且頻繁遲到，就按照規定處罰；針對偶爾遲到的人，要求其參照會議紀錄彌補自己遺漏的會議內容；針對關鍵性與會人員，可根據具體情況選擇延時召開（通常應控制在 20 分鐘以內），或者在其到達會場後，對之前的內容進行概括性闡述，並為其發送會議紀錄。

（2）攪局者

　　這類人因個人偏見對某項會議內容提出強烈反對，其建議也無明顯價值，只是在意自己的看法，完全不考慮公司發展的大局。在這種情況出現時，主持人應發揮控場能力，使會議按照既定時間、程序、核心主題來召開，避免攪局者影響會議的正常營運。

（3）心不在焉者

　　這類人的注意力不集中，會給其他參與者的態度帶來負面影響。針對這類人，主持人可透過眼神注視來提醒他不要分散精力，也可透過提

問方式使其認真聽取會議內容，或者將會議紀錄的工作交給他，使其根據所有人的會議發言總結自己的觀點。

（4）貧嘴多舌者

這類人急於表達自己的觀點，無法顧全大局，自行中斷發言，影響會議進度，在別人發言時橫加干涉，干擾會議正常秩序。針對這類人，主持人應該做好時間規定，靈活掌控他們的發言時間，也可以將其發言安排在會議最後，保證會議正常進行。

（5）漠不關心者

這類人沒有充分了解會議的重要性，在會議期間處理自己的事情。針對這類人，主持人需提前說明，會議期間不能做與會議內容無關的事情。若發現有人私下做別的事，要及時提醒，促使其更正態度。另外，如果會議本身不是特別重要，不妨安排在早晨或傍晚，確保會場環境不受外界因素的干擾，使參與者保持積極嚴肅的態度。

（6）爭寵者

這類人會為了討好上級而盲目認同管理者提出的意見，缺乏自己的看法，看不到主管發言中存在的問題。針對這類人，主持人應適當提醒，鼓勵他們發表不同於其他人的觀點，提升整體會議品質。

透過會議做出可行性決策後，還需保證後期的決策執行，否則會議的目的就沒有達到。所以，會議完成後，應該梳理會議中指定的決策，對其執行進行有效監督，規定各項決策的負責人，劃定執行期限，還要配備相應的監督人員，負責定期查核其實施進度。若在中途產生問題，影響決策執行，應該採取有效應對措施。

無論是什麼類別的企業，其會議組織都能夠對企業的整體成本產生

影響。日產汽車公司透過改革傳統的會議組織模式,節約了六十億日元,足以說明高效的會議組織能夠給企業發展帶來的巨大影響。

如同企業的產品需要投入精力進行設計與打造,會議組織同樣如此。企業透過高效會議組織,能夠提升自身的競爭力,逐漸成長為優秀企業。

——— 準備、執行與跟進 ———

業內人士指出，與會議前及會議後所做的工作相比，會議期間所做的工作其實相當有限。高效會議必然是建立在會議前的充分準備工作基礎上，會議議程及會議執行方案等都應該在會議召開前確定。

做好會議前的準備工作需要有一定的時間。為此，我們需要在自己的日程安排中預留足夠的時間。但真實的情況卻是很多管理人員會在自己的日程表標注需要參加的會議，但從來不會為了會議前的準備及會議後的總結留出足夠的時間。

我們知道如果對一件事情的準備工作不足，有時可以透過臨場發揮來解決，但這要求人們具備足夠的專業知識與豐富經驗。那些有著多年從業經驗的優秀管理者確實可以做到這一點，但他們卻從不輕易採用這種方式。他們會認真地為會議做準備，合理安排自己的日程。現實中，會議存在著很多的變數，有時即便是做了充分的準備也未必能達到預期的效果，更不用說不做準備。

明確會議議程對於會議前的準備工作具有十分重要的作用。當然，對於一個由多個部門、多位員工參加的會議，你獨自來準備會議議程是毫無意義的，我們應該做的是和其他的部門及與會人員進行溝通，了解他們對於會議議程的看法及觀點，因為最終的會議議程雖然是由會議主持單位決定，但也是在平衡各個參與部門的基礎上制定方案。

合理的會議安排，往往會在會議正式舉辦前為與會人員提供一個提交會議建議及要求的時間段。而且會將會議議程發送給所有的參與人

員，以便讓他們能夠做好充分準備。

　　高效優質的會議對於會議主題的數量有著嚴格的限制。核心會議主題的設定，既使會議層次分明，又讓與會人員意識到自己參加會議的真正價值。保持專注是會議的基本的原則，也是提升會議效率及品質的重要因素。不過對於一些比較特殊的會議，可以設定多個議題，比如：為了處理一些已經達成意見一致而舉行的會議，因為這類會議幾乎不用討論，也不用決策，更多的是為了遵循企業規章制度而走的一個流程。

　　會議針對於每一個議題通常會制定一系列決策，並為之提供具體的實施方案。但這也不能充分保證員工能夠將這些決策真正落實，企業管理者需要持續追蹤執行情況。雖然形成一致的決議就是一件相當難的事情，但執行決議的難度明顯更高。

　　從本質上來說，導致員工對管理者的信任發生動搖的原因，不是因為後者對員工工作的檢查與監督，而是因為組織文化、繁忙的日常工作及緊急事件所造成的壓力。

　　如果想要讓會議變得高效，就應該在執行及後期工作方面做出努力，對於一家企業來說，管理者存在的意義不僅在於能夠進行決策，還在於他們能夠推動這些決策被真正執行。

　　企業的發展速度越快，便會有大量的新員工加入，從而造成管理難度越來越大。對於這些新員工，管理者既不熟悉，又很難評估，管理層制定的策略目標和實際的執行情況之間的偏差會越來越大，如果不注重策略執行與後期的持續追蹤，很可能會導致企業陷入嚴重的生存危機。

── 確保決議真正落實 ──

在很多企業內部，缺乏足夠的執行力往往是導致企業在市場競爭中處於被動地位的主要因素。企業在會議上制定再優秀的決策，如果員工不能將其真正落實，也沒有任何價值。

對於這一問題，我們也可以理解為會議管理缺失。每一會議的每一個議題完成後，會議的主持人都應該明確一套完善的機制，能夠使會議達成的決策能夠被真正執行。為了達成這一目標，會議主持人應該重點關注：會議決策的目標是什麼？由哪些部門及職位負責相關任務？何時提交專案中期報告及最終報告等？

對於上述問題的答案，會議主持人應該在會議紀錄上標注重點，從而確保會議決議能夠得到真正執行。會議主持人需要為已經制定的決策制定出一個清晰而明確的時間表。當會議主持人對這些工作做得相當到位時，與會人員才會更為積極主動地參與會議，從而提升會議效率。

會議所創造的價值絕不應該被忽視，企業召開會議的初衷為了解決問題、制定策略決策等，而且為此投入了大量的人力、物力成本，無論做出了什麼決策，都必須將其真正落實。否則會議的作用便得不到真正的發揮，長此以往，員工也會認為會議可有可無。

當然有時會因為一些外力因素，比如國家政策調整，導致會議制定的決策不能繼續執行。此時，企業需要停止相關工作或對其進行優化調整，但這是基於對企業整體利益進行綜合考量的基礎上所做出的決定，而不是相關人員不作為卻僥倖得到的結果。

　　讓與會人員達成意見一致是十分重要的，為了實現這一目標，企業管理者往往需要付出極大的努力。但在很多企業內部，我們經常可以看到一些管理者為了不得罪任何一方而不作為。

　　在人們普遍看來，快速達成意見一致總是讓人頗為擔憂，因為這很可能是因為一些人沒有勇氣表達自己的觀點或者沒有經過深入思考而選擇了隨波逐流。對於一家企業而言，上下一致通過的決議存在著較高的風險，而且執行過程中也很容易遇到各式各樣的問題，因為決議真正執行時，各方在真正的利益面前開始不再做「老好人」。

　　事實上，要想真正對某一議題達成意見一致，往往需要經過十分激烈的爭論，這得益於讓與會人員能夠積極主動地表達自己的真實意見。需要注意的是，企業領導者不應該在會議過程中濫用自己的權利，有些人認為這是企業領導具備至高權利與威嚴的直接展現，但它也扼殺了很多有建設性的意見與建議，根本無法讓企業快速高效的解決問題，更不用說能夠讓員工積極配合併執行會議決策。

—— 三星：「九三法則」——

　　會議作為一項有效的交流溝通方式，為絕大多數企業所用。透過舉辦會議，企業可以公布決議，溝通交流問題，完善專案，還能夠讓與會人員了解決策的相關資訊，促進執行人員高效展開工作。管理者的行事方法、管理理念不同，對公司的會議召開頻率有著直接影響。有些老闆傾向於透過會議形式與員工交流，經常舉辦會議，長此以往，該公司就會慢慢建立起與會議組織及召開相對應的企業文化。

　　面對會議頻繁的現象，員工需要做的是，先配合參與會議，如果員工對這個問題的負面情緒比較多，管理者應及時向公司反映情況，利用合理方式與公司交流，根據上級的意願做出調整，並查核其執行效果，繼續蒐集員工的回饋資訊，逐步改善。

　　另外，如果企業有會議過多的情況，公司上層也需要注意，考慮是不是公司在管理方面存在不足，若答案是肯定的，就應該對公司的管理機制進行分析，改善現有的管理方式。

　　知名管理顧問彼得・杜拉克（Peter Ferdinand Drucker）在其作品《卓有成效的管理者》（*The Effective Executive*）中指出，公司的會議過於頻繁，說明公司的管理存在不足之處，公司的會議管理能力與其整體管理水準有直接關係。三星能夠取得今天的成績，與其科學、有效會議管理模式分不開。三星的會議管理可以簡單總結為「九個要求，三個公式」，簡稱「九三法則」。

◆ 九條要求

（1）凡是會議，必有準備

　　三星集團每次舉行會議，必須進行準備充分。會議組織及召開需投入大量成本，如果召開會議，卻沒有得到預想的結果，無疑是浪費了所有人的時間及精力。因此，三星集團明確要求，對於重大會議都必須事先查核其準備情況，凡是沒有做好充足準備的會議一律撤銷。而且在開會前，相關負責人需要把會議數據交給參與者，參與者必須在開會前閱讀資料，避免在開會現場沒有足夠的思考時間。

（2）凡是會議，必有主題

　　三星集團每次舉行的會議都有會議主題，會議用 PPT 的前幾頁要強調會議主題。若會議缺乏明確主題與流程設定，與會人員就會漫無目的，難以提升時間利用效率。另外，會議參與者需提前知曉會議主題。

（3）凡是會議，必有紀律

　　針對每次會議，三星集團都會委任紀律檢驗官，會議主持人通常需負責會議紀律的維持，在會議開始前進行紀律說明，懲罰遲到者，提醒會議違規人員，並且按照規定對那些在開會期間表現惡劣、給會議進行造成干擾的人進行相應處罰。

（4）凡是會議，會前必有議程

　　三星集團規定，凡是需要舉行的會議都需要規劃好會議議程，相關負責人需要在開會之前將會議議程資料交到與會人員，讓與會人員明確開會的時間、地點等，方便他們進行時間安排，同時準備會議。做好會議過程中的時間規劃，提升時間利用率。

（5）凡是會議，必有結果

會議組織及召開是為了制定解決方案，若會議最終未提出決策，其價值就得不到展現。因此，為了保證會議效果，所有與會人員都應該認真對待會議的召開，如果監督人員發現有人沒有圍繞會議主題發表意見，需加以干涉。通常情況下，會議時間不宜超過 2 個小時，否則容易使人產生懈怠心理。主持人應在關鍵時間點予以提示，確保會議程序安排合理。此外，應該以檔案形式呈現會議決議，當場公開決議，確保所有人同意。若某些議題存在不同意見，可另行決策，對於大家都同意的方案，需在會議結束後立即實施。

（6）凡是開會，必有訓練

三星採用培訓方式來減少時間浪費，透過培訓來提升員工的工作能力，使他們的行為更符合公司規範，促進員工發展，從而提升整體的時間利用率。

為了提升會議效率，三星會面向所有員工展開會議培訓工作，但大部分企業並沒有設定類似的培訓課程。員工對會議組織、會議主持、議題討論、個人意見發表、會議紀錄等等事項都缺乏了解，只能從自己參與的會議中總結。對於在會議中出現的問題，也不知該如何應對。

在會議召開期間，經常會出現激烈的辯論，若這種情況不能及時緩解，就容易降低整個會議品質，而在很多情況下，與會者可透過靈活處理而避免問題惡化。比如，不能因為對發言人有看法而否認他的提議，故意批評其觀點；即使要提出反面意見，也要使用禮貌用語，避免使對方產生反感心理；透過公開稱讚表示認同對方觀點，以合理方式表達自己的相反意見，注意不能冒犯上級；避免透過貶低他人來彰顯自己的價

值。會議要求參與者進行集中討論時，應綜合考慮其他人的意見，避免
侷限於自己的固有看法中，學會換位思考，允許別人持有不同意見，對
於那些既定決議，主持人在公布前需宣告其性質，只有那些尚未形成結
論的決議才能進入討論環節。

（7）凡是開會，必須守時

提前做好會議時間規劃，避免會議延遲，在規定時間內結束會議，
否則容易打亂參與者的時間安排；與此同時，要對會議中各個議程進行
時間設定，防止某個議題導致整體會議時間拖後，如果在短時間內無法
達成意見一致，應另行安排討論，保證其他議題的正常進行；若規定在
會議中必須得出結論，則需提前告知參與者，以防他們不接受會議時間
延長的情況。

（8）凡是開會，必有紀錄

保證所有會議都能形成體系化的會議紀錄，對會議中做出的決議、
對應的負責人、執行者及時間做出明確界定，有些會議決策的實施需不
同部門提供資源支持，從而防止部門間推卸責任，無法在規定時間內完
成計畫。為了保證會議效果，必須在會議中提出具體決議，從而展現會
議的價值，否則，很多參與者會覺得會議本身沒有什麼實際作用，對會
議抱持消極態度，甚至不希望企業舉辦會議。

（9）凡是散會，必有事後追蹤

如果會議結束後不檢查其決策落實進度，會議的成果就無法呈現出
來。為此，需強化會議後的監督，對決議落實情況、進度等進行查核，
在發現問題後及時處理，在規定時間內落實會議決策。在這方面，企業
上級需領導監督，促使管理層人員建立完善的監察體系。

◆三個公式

三星在會議組織方面實施如下三個公式：

1. 開會＋不落實＝零

2. 布置工作＋不檢查＝零

3. 抓住不落實的事＋追究不落實的人＝落實

第 4 章

對低效會議說不！

典型特徵

低效會議的典型特徵，比如：重要的會議參與的人不多、再小的問題也要開會、真正了解問題的人員沒有資格參會、長篇大論式的發言等。數據統計結果顯示，儘管很多企業定期舉辦會議，但有超過一半的會議未取得理想效果，如果企業存在如下問題，就容易導致會議效率低下：

1. 會荒。開會次數過少，這類企業的管理者往往就是對會議的作用了解不到位，或者以前的工作經歷中被會議的各種問題所困擾，對會議形成了嚴重的負面印象。本質上，會議是一種解決實際問題、集思廣益、促進團隊溝通交流、督促員工執行的重要工具。

2. 會海。開會次數過多，會議占用了組織成員大量的工作時間，從而造成企業整體效率大幅度降低。

3. 拖沓。有些企業舉辦會議時十分拖沓，明明半個小時就能解決的會議非要用半天甚至一整天的時間。

4. 盲目追求會議規模，而讓大量與議題無關人員參與。很多企業會為了顯示互相尊重，或者提升會議地位，而邀請一些無關人員參加，卻沒有意識到會議成本的大幅度增長。

5. 議題過多。會議設定的議題過多，導致會議沒有重點，各個議題都只是淺嘗輒止，一旦議題出現較大爭議時就推到下次專題會議再進行討論。

6. 會議溝通不到位。不重視會前溝通,將要舉辦會議時,才通知與會人員,導致人們對議題缺乏足夠的了解,對相關的數據及概念等一無所知,這很難讓與會人員快速達成一致。會前溝通的意義在於,它能夠讓與會人員對相關議題交換意見,甚至達成一致,即便存在爭議,各方也知道矛盾點在什麼地方,為了說服他人,也會盡可能蒐集相關的數據,從而明顯提升會議的效率及品質。

7. 不夠民主。會議更像是高層領導者向基層釋出通知,絲毫不重視各部門及員工的意見及建議。

8. 會議得不出一致的結論。比如:會議的重點完全放在了討論方面,不注重透過對相關數據的蒐集及使用者意見的回饋來進行決策;責任分配不明確,缺乏完善的會議機制。

9. 缺乏執行力。會議形成了一致結論,卻不透過書面資料將其落實到具體的部門及個人,從而導致決策得不到真正執行。

10. 執行決策後,不進行追蹤、考核。對於員工的執行情況,缺乏清晰的了解,真正執行的員工未得到鼓勵,沒有執行的員工也未受到懲罰,長此以往,導致整個組織的執行力大幅度降低。

11. 在時間選擇上存在問題,會議參與者不能以良好的精神狀態來應對;此外,會議安排時間過於緊湊,也容易使員工產生排斥心理。

12. 地點選擇存在問題,環境較差,容易受到外界因素的影響。

13. 參與者定位存在問題,本應出席會議的人沒有及時參加,最終與會人員到場的價值不大。

14. 會議主持能力有限,無法準確對焦會議主題,不能使會議圍繞核心主題展開,最終導致會議內容分散。

15. 會議前期準備不足，無法有條不紊地展開，最終獲得的成果十分有限。

16. 高層沒有充分了解會議的價值，不注重會議效果，無法帶動其他參與者的積極性。

17. 會議缺乏明確的主題及結果導向，無法充分展現會議舉辦的價值。

18. 管理層未意識到會議帶來的成本消耗，不注重會議效率的提升。

19. 會議舉辦過程中未發揮先進科技手段的推動作用，採用發言與記錄結合的傳統模式，難以降低會議成本。

——— 找出低效的主因 ———

　　一般情況下，企業要從根本層面上改善營運、提升績效，就要組織與召開會議。具體而言，企業無論是進行策略定位、確立績效指標、安排工作計畫、檢測計畫執行進度，還是審核計畫執行結果、評估績效結果，都要透過會議來進行。從這個角度來說，成功的會議能夠有效推動企業業績的提升。

　　然而，很多企業在會議管理方面都存在問題，給企業管理層帶來了諸多困擾。具體問題包括：缺乏對會議時間的掌控、會議現場混亂無序、無法在會議期間做出決議，重複召開會議等等。很多企業管理者都面臨會議效率低下的問題，卻難以提出有效的應對方案。會議效率低下，會導致企業的整體營運效率維持在低水準，最終產生績效走低的問題。

　　所以，為了提升企業的績效，管理者必須實施有效措施，提升會議效率。在這裡，對低效會議的原因進行分析，並為企業管理者提升會議效率提供指導。

　　以時間階段為標準進行劃分，導致會議效率難以提升的因素有：缺乏充分的會前準備；缺乏有效的會中控制；缺乏切實的會後跟進。

圖 4-1 導致會議低效的原因

◆ 會前缺乏充分準備

　　缺乏充分的會前準備是導致會議低效問題的開端，企業在會議準備階段的問題主要表現在以下幾個方面：

（1）缺乏明確的會議主題

　　在會議召開之前未確定清晰的主題，相關負責人對此次會議中需要圍繞哪些問題討論並沒有清楚的了解，對於會議召開的必要性也沒有十足的把握。事實上，有些問題無需透過會議就能得到解決，而一旦確定要召開會議，就應該確立會議的主題。

（2）缺乏合理的會議議題

　　一些企業管理者忽視了會議議題的重要性，只是勾勒出整體輪廓，便匆忙召開會議。比如，在企業啟動某專案後，為了探討當前專案的進

展、人員分配而召開會議，但籠統的議題設定不適合在會議期間展開討論，若會議主題過於籠統，會導致與會者的建議都浮於表面，又或者過於追究細節，導致會議拖沓。

（3）缺乏合理的時間安排

有些企業的會議只規定了開始時間，但卻沒有明確界定會議何時結束。高層管理者根據自己的主觀意願進行時間掌控，長此以往，與會者甚至都習慣了這樣的開會模式。然而，缺乏合理的時間安排，就容易導致會議時間超出控制範圍，打亂與會者的原定工作計畫。會議議題也需要進行時間分配，這樣才能強化對整個會議過程的控制，否則，部分議題占用了過多的會議時間，會導致其他議題沒有充分的討論時間，致使會議的整體時間分配不科學。

（4）在會議人員安排上缺乏合理性

會議人員主要包括：主持人、會議紀錄及與會者。很多情況下，管理者會按照自己的習慣進行人員定位，在選擇主持人時，並不考慮會議的深度及具體內容，不少管理者還會忽視會議紀錄，或隨便任命一個人擔任紀錄人員，而不考慮其勝任能力。在與會人員選擇上，未考慮與會者與會議主體的關係，與會人員數量超出實際需求，或與會者缺乏議事能力，導致會議效率低下。

（5）會議場所選擇不當

在選擇場所時，未切實考慮會議主題需要，導致封閉式討論無法正常展開，缺乏安靜的會議環境，受到外界環境因素的干擾，影響會議的正常進行。

（6）缺乏有效的會議通知

有些企業的負責人僅透過網路平臺下達會議通知，卻未使用其他管道確保與會人員接收到會議資訊，無法提前預留會議時間，導致他們缺席會議，或未提前蒐集會議數據。

（7）與會人員缺乏充分的準備

因為會議通知存在問題，負責人未及時將會議數據交到與會者手上，與會者對自己在會議期間應承擔的責任十分模糊，未在會議開始前將演講數據、相關資料等準備妥當，無法保證會議的高效性，會議價值難以展現。

◆ 會中缺乏有效控制

在會前準備充足的基礎上，還要保證會中控制的有效性，而很多企業的會議效率難以提升，就是因為管理者在會中控制環節存在如下幾個問題：

1. 主持人的控場不到位。在會議召開期間，主持人應該保持中立，與與會者之間劃出清晰的界限，時刻謹記自己的職責，而不能在主持會議的同時，參與到會議討論過程中。在與會者相互交流意見、展開激烈討論時，主持人需要進行控場，維持會議現場的秩序，引導議題討論方向，並促進雙方的看法最終達成一致。

2. 會議紀錄未承擔應有職責。在會議期間，會議紀錄無法提取重點議題及與會者的核心觀點，所記內容的價值含量較低；在現場出現混亂局面時，未及時提醒會議主持人，從旁協助現場控制。

3. 與會者未承擔應有職責。與會者未圍繞會議議題發表看法，題外話占據會議時間，專業性不夠強，干擾會議的正常進行。

4. 缺乏明確的議事規則。如果會議負責人未提前確立議事規則,在制定決策的過程中就無規則可循,另一方面,即便確立了規則,在會議召開期間,也可能出現參與者違背規則的情況,導致會議效率難以提升。

◆ 會後缺乏切實跟進

為了保證會議決策的執行,需要進行切實有效的會後跟進。但很多企業在會議召開之後,卻難以將決策付諸實踐,最終的會議效果十分有限。企業在會後跟進過程中存在的問題主要有:

1. 與會者無法及時拿到會議紀錄。因為紀錄人未承擔應用職責,與會者無法在第一時間獲得整理完畢的會議紀錄,導致會後跟進不及時。

2. 與會人員未進行切實有效的會後跟進。與會人員對會議決議置之不理,或者執行不到位,無法充分展現會議價值。

3. 相關負責人未及時監督會後跟進情況。通常情況下,企業會將會後跟進的督促工作交給會議主持人或指定人員,而相關負責人卻未切實履行自己的職責,導致會議效率低下。

—— 確保實效性 ——

對所有企業管理者而言，會議能夠為其提供決策與溝通的平臺與管道，不僅如此，會議本身的靈活性、會議制度的強制效能夠為企業的營運及可持續發展提供保證。但是，頻繁召開的會議讓管理人員產生諸多怨言，很多管理者拿出自己本該工作的時間去參加會議，在時間管理中處於被動地位，而且，會議中存在的諸多問題，比如，部分與會者的講話完全脫離會議主題；儘管會議時間很長，但無法解核心問題；不同部門相互推諉，無法達成一致；會議召開過於頻繁，讓參與者產生排斥心理等。

「現代管理學之父」彼得‧杜拉克（Peter Ferdinand Drucker）認為，要成為優秀的管理者，就要進行時間管理。對企業管理者而言，必須採取有效措施提升會議效率，避免管理層陷入無效會議，阻礙企業的營運與發展。

◆ 什麼樣的會議才算富有實效？

圖 4-2 會議富有實效的三大特徵

在回答這個問題前，我們首先應該對具有較高實效性的會議要素有清晰的了解，具體來看有以下三個方面：

（1）會議目標可以被實現

企業召開會議是為了解決某個問題或者向與會者傳遞某種資訊等，有切實可行的目標的會議才具有價值，為了不能實現的目標而召開會議，是在浪費資源。所以，考核會議是否具有實效性，首先要做的就是了解該會議的目標能否被實現。

（2）能夠在最短時間內實現目標

很多人會質疑此點，因為會議進行過程中，各方進行討論甚至是激烈的爭論時，很難避免討論一些無意義的內容，所以，部分人會認為這是在浪費時間。但無論如何，能夠在最短時間內實現會議目標，是會議富有實效的直接表現。

（3）與會者認同會議

這種認同並不是說與會者對會議決議感到高興，當會議主題是業務流程或組織結構改革時，由於部分與會者利益受損，幾乎不可能對結果感到高興。而如果在會議中能夠詳細說明制定這種會議決議的理由，並認真聽取與會者的意見與建議，會讓他們對會議產生認同感，從而在會議後能夠真正執行決議。從實踐來看，想要讓與會者認同會議，讓與會者充分發言是最為簡單，也是最為有效的手段。

對會議主席等會議管理者來說，要讓與會者充分表達自己意見的同時，又能在最短的時間內達成會議目標是相當困難的事情，但它應該成為會議管理者努力的目標，否則企業不但要承擔著高昂的會議成本，而

且大量的低效甚至無效會議會導致企業效率大幅度下滑，使企業在激烈的市場競爭中逐漸陷入發展困境。

◆ 不切實效的會議有何危害

富有實效的會議能夠促進組織成員的溝通交流，幫助企業解決發展中遇到的各種問題，為企業制定有效的發展策略等，是企業提升內部凝聚力與外部競爭力的重要手段。而不切實效的會議對企業的負面影響同樣十分嚴重。具體來看，這種負面影響主要表現在以下三個方面：

（1）不能達成會議目標

所有的會議都應該有一定的目標，而不切實效的會議很難完成預期目標，造成嚴重的資源浪費。

（2）付出高昂的機會成本

對於企業來說，如果將投入在不切實效會議中的海量資源投入到業務拓展、品牌推廣、新品研發等方面，可能會獲得一定的收益。而這些收益就是企業召開會議時必須付出的機會成本，雖然很多企業管理者對會議成本缺乏足夠的重視，但諸多案例已經充分證明了企業召開會議時，需要投入的時間、精力、資金等是一筆不容忽視的龐大開支。

（3）與會者對會議產生不滿

在日常工作中，對於那些不切實效的會議，我們經常會聽到各式各樣的抱怨，比如：真是浪費時間，下次再開這樣的會時，將拒絕參加！怎麼會讓一個缺乏控場能力的人擔任會議主席呢，一個小時就能完成的會議用了半天等。這種負面情緒很容易影響員工的工作狀態，為企業營運及管理帶來諸多阻礙。

KAS 法則

　　美國領導力大師諾爾・提區（Noel Tichy）在與艾利・柯恩（Eli Co-hen）合著的《領導引擎── 誰是企業下一個接班人》（*The Leadership Engine*）一書中提到，企業在開會時若不能讓每個與會者感到充實並激發他們積極參與討論、渴望更好表現的熱忱，那就是浪費資源精力的低效甚至失敗的會議，企業也自然難以成功。

　　開會是企業最常見的行為，高效會議溝通則是保證會議效率和效果、實現組織快速有效發展的必要條件。正因如此，任何管理理論都對會議這一企業活動給予了大量關注。比如，MTP（Manager Training Plan，管理培訓計畫）中提到的「會議指導」，現代管理學之父彼得・杜拉克（Peter Ferdinand Drucker）在論述專業經理人的角色和管理方法時著重提出的會議管理，以及《哈佛管理技能大全》中將「哈佛經理的會議手冊」作為一項重點闡釋內容等。

　　從組織者的角度來看，一方面要根據具體的會議類別設定會議流程；另一方面還要全面考慮會議流程各環節的構成及其內在連線，確定重點環節，促進開會過程中成員的有效溝通和激勵。

　　比如，在會議組織環節，組織者要圍繞會議所設定的討論話題努力尋找企業內各部門的共性，以消除不同部門間的專業或非專業溝通壁壘；在會議展開過程中，組織者應透過多種手段激發與會人員的發言、互動熱忱，並為每位成員的充分表達交流提供機會；在討論結果的執行上，會議要當即確定相關責任人，明確任務的完成時間、負責監督考核的部

門或人員及相關考核標準等內容，以確保會議結果切實有效落實，而不只是「紙上文章」。

　　總體來看，有效的會議流程需要遵循「KAS」原則，即知識（Knowledge）、態度（Attitude）和技能（Skill）。

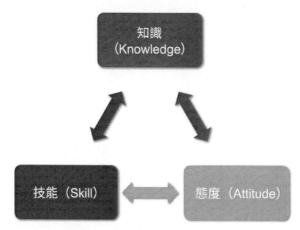

圖 4-4 會議流程的「KAS」法則

◆知識（Knowledge）

　　對與會者來說，要進行諸如會議管理職業培訓等方面的訓練，了解會議的基本原則知識，能夠準確掌握自己在會議中的角色職責以及要達成的目的，熟悉會議流程和議題並事前做好充分準備；對領導者來說，會議則是他們充分展現「導師」角色，向員工傳授新知識、拓展員工視野的最佳機會和平臺。

◆態度（Attitude）

　　與會者不僅要樹立積極參與交流討論的良好態度，提升自己的投入感和參與感，還應注意遵守會議的一些「潛規則」。比如，不要發表非專

業性的見解或自己不了解的內容，以免受到專業或知情成員的反駁甚至嘲諷，挫傷自己的信心，並造成部門之間和成員之間出現成見、隔閡。

企業中一個常見的現象是，很多剛走出校門的畢業生對參加會議抱有極高熱情，並經常在沒有充分了解情況下就提出一些問題，因而經常受到老員工的「嘲笑」，導致這些新成員特別是自尊心較強的成員逐漸變得緘默甚至對開會失去興趣。

◆技能（Skill）

開會是有一定成本的，不僅是會議本身的一些資源投入，與會者也需要暫時放下手頭的工作，因此提升會議效率應成為企業內部共識，所有與會者都要不斷提升自身的簡報能力，可以用最短的時間內將自己想要在會議上陳述的內容清晰明確地表達出來。

比如，日本五十鈴汽車公司曾在 1986 年的調查研究中發現，公司中的部長和課長花費在聽取下屬成員數據說明和冗長報告上的時間，占到了總工作時間的 25% 到 30%。為此，該公司在當年年底正式展開了「會議效率運動」，透過提升成員簡報能力等多種方式實現了高效會議溝通，從而使成員擁有更多時間精力投入到公司業務和運作上。

有效控制程序

透過有效控制會議程序，能夠使會議的整個展開過程按照預期效果進行。在參與者到齊之後，會議主持人應該使在場所有人知曉會議目的，安排會議紀錄者與時間控管人員，確保所有人清楚會議規範，例如，手機調靜音，需記錄會議要點、積極發表個人意見、會議結束後才能離場等等，盡量排除外界干擾因素。

對於會議主持人而言，最重要的是保證會議進行圍繞預定主題展開。另外，要在規定時間內完成會議，為此，需提前做好各個環節的時間掌控。如果某個議題在規定時間內無法做出決策，應該另行處理，而不是一味拖延。為了提升會議的品質與效率，企業應該做好以下幾點：

◆ 會前

留出足夠的時間讓與會人員進行充分準備，很多企業的會議效率較低往往就是因為與會人員準備時間不足，沒有做好會前溝通造成的。此外，對於會議流程及每個環節所用的時間都應該提前告知與會者，在會議室應該設定鬧鐘、計時器等提醒與會人員注意時間。需要注意的是，大型會議應該要求與會人員提前 5 分鐘入場。

如果會議中涉及很多專業性問題，為了保證與會者對相關內容有足夠了解，主席通常需要在開始時拿出足夠時間幫助與會人員了解相關資訊，以保證會議的順利展開。要減少這個環節的時間消耗，就要在會前準備階段將相關數據提供給參與者，並要求他們提前準備會議發言。

◆ 會中

（1）會序安排

　　會議剛開始時，與會人員精神較為集中，應該將會議的核心議題安排在靠前的位置。不過，當發現與會人員對於會議的核心議題存在爭議，需要讓與會人員進行一定的溝通，並建立良好的會議氛圍時，可以嘗試先安排一個次要議題。

（2）會者發言時間限制

　　長篇大論式的發言對提升會議品質及效率是相當不利的，已經達成一致的議題，要及時透過資料的形式進行落實；發言人出現跑題時，要及時為其糾正；氣氛沉悶時，要鼓勵人們積極發言，從而降低會議時間成本。對於那些即時性會議可以選擇非正式地點進行，並務必精簡。

◆ 會後

　　遺忘規律曲線告訴我們，遺忘遵循先快後慢的規律，48 小時後人們能記住的內容僅有 25%。考慮到這一點，企業應該要求與會人員及時整理會議紀錄，並向上級回饋會議建議及建議。

　　會議中達成的結論應該及時公告，因為某些議題雖然十分重要，但與人員可能因為注意力不集中等因素而忽略，如果沒有及時進行公告，與會人員可能會向其他與會者詢問，此時很難避免資訊失真，對會議結論曲解，散播企業負面資訊等，從而給企業形象帶來極大的負面影響。此外，各部門還應該做好會議檔案的歸檔工作。

　　會議通知是企業向與會人員發送召開會議相關資訊的重要手段，自媒體時代，會議通知的形式與方法十分多元化，比如：張貼公告、發送

Email、發傳真、書面告知、社交媒體等。在時間管理方面，會議通知的內容應該涉及到會議的舉辦時間、簽到時間、結束時間等。

發送會議通知的時間應該合理安排，如果通知的時間發送過早，很容易導致部分與會人員遺忘；如果發送時間過晚，可能導致部分與會人員會前準備不足或者無法協調自身的會議時間。合理的會議通知發送時間能夠讓與會人員做好會前準備工作，並以良好的精神狀態按時達到會議舉辦地點。

對於那些關鍵會議，企業應該設定會議通知收到後回覆時間、下發會議資料時間、蒐集會議案例時間及會議簽到時間。在會議正式召開前，應該確認核心參與人員是否能夠準時參加會議。如果因為某些因素導致會議延期時，應該對每個與會者書面告知或者電話通知。

不難發現，會議時間管理與會議的類別及與會人員存在較大的關聯，只有充分了解並利用好這些客觀規律，才能有效提升會議的品質及效率，最終實現企業價值最大化。

——— 成本降至最低 ———

在無時無刻都在發生改變的網際網路時代，提升會議效率已經成為企業降低營運成本、靈活應對外部競爭的重要手段。然而在營運發展中，企業在會議管理方面存在著很多問題，比如：召開會議後，不但沒有解決問題，反而使問題變得更為複雜；大大小小的會議占用了員工大量工作時間，使專案經常被迫延期；會議中各方無法達成一致，無休止地爭論使各部門產生了激烈的矛盾衝突等。

◆ 橫看會議

本質上，企業召開會議的目的是為了交流溝通、集思廣益，推動企業的持續穩定發展。在科學技術不斷突破以及軟硬體迭代週期越來越短的背景下，人們的交流溝通方式十分多元化，Email、電話、簡訊、社交媒體等都是人們可以交流溝通的有效方式。在企業管理過程中，召開線上或線下的群體會議能夠加強各層級、各部門及員工之間的溝通交流，使組織內部達成意見一致，並有效解決問題。不同類別的會議對召開的時間及頻率有不同的要求：

1. 固定的部門會議至少每月一次。這種會議承擔著總結部門工作、統籌專案進度、傳達上級指示的重要使命，是各部門應該定期召開的例會。為了確保會議準時進行，會議管理人員應該對每次召開會議的時間、時長等進行記錄，並及時提醒相關人員參加會議。

2. 組織全體會議至少兩月一次。組織全體會議通常是為了傳遞決策層的策略決策、激發組織成員的工作熱情等。但這種會議規模龐大，成本較高，如果不能確保會議效率，很容易造成嚴重的資源浪費。

3. 隨時召開針對突發事件的緊急會議。在企業遇到突發狀況時，及時召開緊急會議是十分有必要的，但這並不意味著要頻繁召開緊急會議，否則很容易讓員工陷入會海中，嚴重影響企業營運效率。

4. 根據需求進行一對一會議。對於某些尤其強調跨部門合作的專案，可能每天都需要進行一對一會議，但要注意這類會議的時長，盡可能地將其控制在 1 小時以內。

◆ 會議成本的經濟分析

提起開會，大部分人都會產生厭煩心理。數據統計結果顯示，世界各國在一天之內召開的事務性會議總量達 6,000 萬以上。為了充分利用時間，企業管理者需採取有效措施提升會議效率。

很多企業管理者可能對會議成本沒有什麼概念，但在大型企業內部，會議成本也是一筆龐大的支出。在日本及美國這種尤其注重效率的國家的大型企業中，會議成本是一個十分重要的因素。會議成本的計算公式為：會議成本＝X＋2J×N×T。其中 X 代表的會議的顯性成本，比如資料費、會議室租金、與會者的交通費、食宿費等；J 代表了與會人員每小時平均薪資的 3 倍；因為與會人員參與會議要會前準備及會後思考，所以要乘以 2；N 代表了參加會議的人數；T 代表了會議時長（以小時為單位）。

按照此公式，公司可以十分清晰地計算出企業召開一次會議所付出的成本。企業應該將計算過程及結果進行公告，從而督促與會人員更加注重提升會議效率。

會議成本主要由以下四種成本構成：

(1) 會議工時成本

按照管理學的定義，會議成本＝每小時平均薪資的 3 倍 ×2× 開會人數 × 會議時間（小時）。由於企業管理層人員占據了與會人員的大部分，而他們的薪資水準要超出普通員工，所以要按照 3 倍的水準來計算；而為了出席會議，參與者不得不停下自己的工作，這部分損失按照 2 被算。

舉例來說，某企業員工收入水準為 50,000 元 / 一年，那麼，一次為期 3 小時的會議，若與會人數達到 10 人，按一年工作時間是 270 天，每天 8 小時計算，50,000 元 ÷270 天 ÷8 小時 ×3 倍 ×2×10 人 ×3 小時，其會議成本則超過 4,100 元，而這些成本中還不包括場地租金及其他相關的成本消耗，而對於許多大型企業來說，其會議成本遠不止此。

所以，為了提升會議效率，避免企業過度舉辦會議，需要清楚一點，即企業需要擔負會議的成本消耗。為此，企業的財務部門需做好監察工作，在日常營運工作中，突出會議成本管理的重要性。

(2) 會議時間成本

會議時間成本計算公式為：會議時間成本＝與會人數 ×（與會人員準備時間＋與會人員的交通時間＋會議服務人員工作時間＋會議管理者的工作時間）。為了直接展現時間成本對企業經營成本的影響，通常是將時間成本轉變為薪資成本，其計算公式為：薪資成本＝會議時長 × 與會人員的平均薪資。

(3) 直接會議成本

直接會議成本是指舉辦會議時的各項支出之和，具體涉及到場地及設施租賃費、差旅費、招待費、食宿費、水電費等。

（4）效率損失成本

開會時，與會人員不能繼續完成職位工作，從而導致企業的管理及營運效率下滑，而由此所造成的經濟損失，就代表了效率損失成本。效率損失成本主要包括以下三種：

- ☑ 錯過了重要客戶電話而導致業務量下滑。
- ☑ 沒能及時處理客戶回饋意見而導致客戶流失。
- ☑ 無法及時處理職位工作導致生產被迫中止。

很多企業管理者往往僅關注直接會議成本，而對會議時間成本及效率損失成本缺乏足夠的重視，召開會議時，會盡可能地召集更多人參加，然而和前者相比，後者的支出明顯更高，這種做法會使企業的會議成本大幅度增長。

會議成本計算公式顯示，參與會議的人數增多，會導致會議成本上升，所以，要實現控制成本，就要做好人員控制，與會議內容不相關的人員，不必出席。

對現代企業而言，會議已經成為必不可少的溝通手段，無論是企業的決策制定、決策落實，還是企業文化的建立與完善，都與會議及其最終的結果有著很大關係，無論是中小企業還是規模較大的過於企業，都需要擺脫無效會議。

── 杜絕低效會議的陷阱 ──

圖 4-6 低效會議的四種陷阱

◆ 老闆一言堂

　　會議是企業進行內部溝通最常用的方式，而內部溝通的主要目的是讓每位成員充分表達自己的想法意見，透過雙向或多向互動分享碰撞出思維火花，最終使企業得到更好的問題解決方案。

　　然而，很多企業的老闆或領導者卻喜歡搞「一言堂」，把用來交流意見、分享思想的會議變成展現個人權威、魅力或雄辯才華的場所，在開會時只顧自己大談特談而忽視了給予下屬成員充分發言的機會，從而背離了會議交流討論的初衷。這種將會議變成老闆個人演講會的做法，是十分不利於企業內部的有效交流溝通和集思廣益的。

當然，有些老闆為了彰顯自己的「民主」或會議的互動性，也會提出「某某，你說是不是如此」之類的問題。但顯而易見，這種問題與其說是給成員發言的機會，不如說是為了彰顯自己的權威，也並不是真正想去徵詢其他成員的意見。

◆形式呆板，氣氛緊張

很多企業的會議形式呆板、氣氛緊張沉悶。究其原因，主要是會議主持人或領導者過於遵循事先擬定的會議章程，缺少根據實際情況隨機應變和因勢利導的能力，再加上上面提到的很多老闆將會議變為自己的演講臺，從而不僅無法激發與會者全心投入會議的熱忱，甚至令人們感到會議很無聊、沉悶、緊張。

這也造成開會時一個較為常見的情形：老闆激情澎湃地講話，多數「資深」經理則在座位上閉口不言，即便是被老闆指名發言，也「惜字如金」，或者只是說一些沒有任何實質內容的模稜兩可的話。

這種情況下，只有一些新人主管為表現自己的能力願意積極發言，提出自己的想法或意見。不過，只要呆板的會議形式、沉悶緊張的會議氛圍、老闆「一言堂」的習慣不發生根本改變，這些主管也必然會慢慢被其他「資深」主管所同化，變得慎言慎行。

◆倉促開會無準備，離題萬里無控制

開會是透過雙向或多向交流溝通更好地傳達內容、解決問題或做出決策。因此，開會必須做好充分準備，明確會議議題，要達到什麼目的或成果，並高度掌控會議過程，避免討論的內容偏離中心議題。

相反，如果會議組織者只是一時興起倉促開會，沒有明確的主題，

那麼開會過程中必然難以掌控會議節奏和氛圍，不僅無法準確表達自己的想法，也容易使會議內容被無限度地延伸、發揮，從而讓本是解決問題的會議變成與會者的「名利場」：表功、訴苦、虛報、掩飾過錯、拉幫結派、明爭暗鬥、逢迎諂媚、索要利益等。

面對這些層出不窮的不良現象，多數時候領導者只能強行終止爭論，然後宣布等商量出解決辦法後再另行通知。如此，召開會議的初衷不僅沒有實現，反而由此引來了一堆麻煩，使領導者疲於應對。

◆ 「暢所欲言」和「秋後算帳」

召開會議是為了讓員工集中起來暢所欲言，互相交流分享，碰撞出思想的火花，這就需要所有與會人員能夠放開心扉，充分表達自己的想法和意見，而不用擔心「秋後算帳」。有些企業由於受傳統文化和政治環境的影響，容易對會議上表現不好或反對自己的成員「秋後算帳」，從而無形中製造了一種「因言獲罪」的不良氛圍，使員工不敢在會議上暢所欲言，最終阻礙了企業內部的有效溝通。

此外，還有一些情況也會造成會議的低效甚至無效，白白浪費大量資源精力：一些缺乏責任感或會議目標達成能力的經理人把開會視為一項不得不做的「痛苦」任務，時間一到便立即收工；會議主持人自身對會議議題十分抗拒；與會人員對會議的形式、內容以及主持人的能力等諸多方面均有質疑和牴觸心理；會議是臨時決定召開並倉促通知給各個參與者，與會者沒有時間做任何準備工作……

這些都容易導致與會成員缺乏投入感、參與感，難以全心投入到議題討論中，而只是想著快點結束此次會議。

—— 整頓風氣與紀律 ——

企業日常執行中，會議是傳達精神、統一思想、解決問題、推進工作的最常用方式。透過會議，企業可以了解各部門、各層級的工作狀況，對內部組織和成員工作進行監督控制，集中多方智慧研究問題、交流想法、制定目標和工作計畫，推動企業的良性健康發展。

同時，企業的會議狀況，如員工是否積極參加會議、按時到場、認真聽會、遵守會議紀律以及會後嚴格執行會議精神和決策等，在個體層面可以表明企業成員的團隊素養、紀律觀念、精神面貌、工作狀態等，在組織層面則展現了企業的紀律、作風、形象等內容。

工作作風相當程度上影響著企業營運成效，不斷優化改企業作風是所有企業都十分關注的重要議題。另一方面，會風是企業作風的集中展現，企業可以從會風建設切入改進企業作風。從實際狀況來看，當前企業會風建設的一大關鍵是提升會議效率和品質。

◆公司會風主要存在的問題

大致來看，企業開會時存在的問題主要包括以下四點：

（1）會議主題不明確

由於缺乏充分準備，會議找到不討論的聚焦點和主要議題，與會成員各自閒扯，既沒有達成共識也沒有解決任何實際問題，形成無效會議。結果，一些需要透過會議集中解決的問題沒有納入會議，而一些不

需要透過正式會議討論的內容反而被放到會議上,造成「開大會解決小問題、開小會解決大問題、不開會解決關鍵問題」的情況。

(2)會風散漫、到會情況差

與會人員遲到、早退,或在會場中隨意走動、接聽電話,缺乏紀律性,甚至一些與會者簽到後便直接離開;會議需要擁有決策權的部門主管參加,但部門卻派遣他人「替會」,導致會議過程中需要該部門明確給出答覆時與會者不能做決定。

(3)發言拖沓、主題不明確

表現為與會人員匯報工作時打官腔、走形式,只談大道理不講具體的工作內容,只講成績不提問題,只談付出迴避結果,一味抱怨,發言冗長拖沓,主題不清,其他會議成員不能完全理解其想要表達的內容。

(4)會議決策落實不力

開會的目的是總結經驗、研究問題、優化部署,以便更有效地展開工作。因此,會議只是起點,下一步更重要的是將會議精神和決策真正落實到位。然而企業實際執行中,一些部門或成員卻將會議本身當作終點,出現「以講話傳達講話、以會議落實會議、以檔案落實檔案」的不良現象,結果是會議決策只是停留在紙上,沒能真正發揮出改進工作和作風的作用。

◆ 提升企業會議效率

針對會議中可能出現的各種會風問題,企業可以從以下幾點來提升會議效率與品質,獲得預期的會議效果,進而透過會風建設改進整體作風。

(1) 明確會議主題，始終圍繞中心議題展開討論

公司內部有眾多部門和成員，除了年度大會這類覆蓋所有部門和員工的會議，大多數公司會議都只是涉及特定部門或成員，因此可以根據具體的部門或成員特質設定明確的會議主題和中心。

比如，經理團隊例會的主題是討論公司重大問題，研究部署公司整體工作規劃，協調不同主管間的交叉配合問題；辦公會議主要圍繞月度工作總結展開，評價部門當月的工作績效並做好下個月的工作安排，同時解決部門與部門、主管與部門之間的矛盾衝突，做好協調工作；生產會議則以評估專案部門本月的生產管理、品質安全管理、資金管理等營運情況為中心議題，明確成績和不足，做好下個月的工作規劃，並協調專案與部門間的關係。

(2) 嚴守會議紀律，有效改進會風

會風如何直接關係到行政效率與效能，如果企業確定有必要召開會議，則應制定並嚴格執行相關會議紀律，保證會議品質，否則不如不開。比如，嚴格圍繞會議主題進行討論，禁止參與成員談論與中心議題無關的內容；嚴禁無故曠會或找人代替參會，不准隨意請假，若確有特殊情況無法到會，應提前向會議組織人員告知，並安排合適的替代人員參會。

(3) 提升會議品質，保證決策的科學性、正確性

開會的目的是研究解決問題、做好規劃決策等，因此會議品質尤為重要，企業應從「精心」、「細心」、「用心」三個層面下功夫保證會議品質，即組織者精心籌劃，與會者細心準備、用心討論。

會議不能走過場，「為開會而開會」，要提前精心籌劃，做好充分準

備,保證每次會議都能真正解決問題、達成一致、取得成效。對此,會議組織者除了做好基本的服務性工作,還要從會議中心議題出發,「下沉」到各部門蒐集相關數據並進行綜合分析,給公司領導者提供會議主題相關的基本數據和決策思路。

從與會者的角度來說,則要圍繞中心議題在會前細心準備,形成自己的思路和想法,以便開會時拿出來與大家分享討論。同時,如果與會者對某個問題有不同意見,則應以開放的態度讓大家用心討論、民主決策,避免「一言堂」,保證決策的科學性、正確性。

比如,經理團隊會議應提前蒐集公司各部門的工作情況,並聽取各部門主管的想法,進而透過對相關數據的整合分析確定會議中心議題,在開會前發給各部門主管讓他們提前做好準備。對於辦公會議,也要讓各部門提前做好準備工作,不僅包括本部門的工作成績和問題,也要對問題的解決方案以及需要其他部門配合的地方打好「腹稿」。

(4) 提倡簡潔高效發言,提升會議效率

高效會議不僅是務實工作作風的直接表現,也是改進幹部作風的重要切入點。應對與會者的發言形式和時間進行嚴格規範,要求發言人減少空話、套話以及與所討論問題無關的內容,直奔主題、簡明扼要闡述自己的觀點,並限定與會者做主題匯報的時間,保證會議緊湊高效進行。同時,領導團隊部署或安排工作時,應讓一個人集中進行主題發言,其他團隊成員做適當補充。

(5) 議而必決,並嚴格貫徹落實會議精神和決策

開會的目的就是為了解決問題、做出決策,因此需要在會上做出的決定就應堅持在這次會議中確定下來,而不能拖到會後甚至下次開會再

議，否則只能表明這是無效會議。

同時，要真正改進會風，達成精神或決策只是第一步，更關鍵的是將會議精神和決策真正貫徹落實下去。對此，企業應著力建構並不斷完善會議貫徹情況的監督回饋機制，透過制度建設保證會議精神和決策的有效落實，切實推進會風改進。

從各部門角度來看，在準確傳達和理解會議做出的工作決策與安排後，要明確本部門任務和目標，將工作任務分派落實到每個成員身上，保障會議內容的貫徹落實。

案例：如何提升專案週例會的效率？

案例描述：趙剛是一家 IT 公司產品技術部專案經理，在該職位上已經有了 4 年的工作經驗，帶領團隊成功完成了 4 個小型產品專案研發工作。從 2014 年 2 月晉升專案經理到 2018 年 3 月前，趙剛團隊規模較小，僅有 7 至 8 位團隊成員，在每週一上午組織召開週例會時，趙剛採用了這種方式：

專案組成員先做簡單的上週工作報告，並回饋自己遇到的問題，和其他成員共同探討解決方案，最後，趙剛展示專案組上週取得的工作進展，並分配本週工作任務。

4 年來，這種週例會展開方式取得了頗為良好的實踐效果，但 2018 年 3 月，公司得到了一家大型網際網路大廠的青睞，獲得了數千萬元投資，公司規模迅速擴大，趙剛管理的團隊規模已經達到近 40 人。趙剛仍採用此前的週例會展開方式，卻出現了效率低下、難以達成意見一致等問題，起初趙剛認為這可能是因為團隊成員彼此不熟悉，難以合作配合造成的，然而 2 個月過後，這一問題不但沒有改善，反而越來越嚴重。

案例分析：趙剛團隊週例會出現問題，相當程度上因為團隊規模和

週例會展開方式不匹配，團隊規模擴大了幾倍，但趙剛沒有及時對週例會展開方式做出有效調整，從而引發了效率低下、難以達成共識等問題。

解決方案：趙剛想要有效解決週例會問題，需要從以下幾個方面做出有效調整：

1. 在週例會開始前做更充分的準備，比如：對週例會需要的數據與資訊進行蒐集、整理，並將其分享給團隊成員，讓他們提前了解這些資訊並思考如何解決相關問題；那些日常性事務以及可以輕易理解的內容，透過團隊群組或電子郵件等方式傳遞給團隊成員；遇到難以解決的問題時，可以另行安排專題會議，並向上級或資深員工諮詢。

2. 結合專案任務安排以及團隊成員的能力進行分組，小組組長組織展開組內週例會，匯總上週工作情況及遇到的問題，然後由趙剛組織各小組組長參加專案週例會，必要時，可以邀請部分小組骨幹參加會議，從而更為高效地解決問題。

3. 利用社交媒體、電子郵件等工具，和專案團隊成員實時溝通，日常工作中解決部分問題，減少週例會負擔。

4. 為了增強團隊凝聚力，提升工作熱情，趙剛可以定期舉辦月度會議或里程碑總結會議等，讓所有團隊成員都參加的大型會議，使團隊成員能夠面對面溝通交流，更好地建立信任關係，同時，全面地了解團隊成員精神風貌，當出現士氣低迷情況時，能夠及時採取有效策略提振士氣。

第 5 章
建立會議程序表

—— 統籌會議內容 ——

在企業管理工作中，會議具有解決實際問題、增進集思廣益、制定策略決策、督促組織執行、提升營運效率等多個方面的重要作用。具備強大的會議管理能力，不但能夠讓會議取得圓滿成功，而且能夠會議議題所涉及的各種事項得到快速高效的解決。

從管理的角度來看，提升企業會議管理水準需要涉及多個方面的因素，而時間管理無疑在其中扮演著關鍵的角色，毋庸置疑的是，合理地安排會議時間，對於提升會議的品質與效率具有十分積極的效果。

現代企業的管理者每天要參加各式各樣的會議，對會議日程制定合理的規劃就顯得尤為重要。可以說，會議日程安排是召開會議的重要組成部分。

會議是一種非常有效的溝通方式，也是一種成本較高的溝通方式。在所有的溝通方式中，會議這種溝通方式耗時最長，被稱為「時間殺手」。會議消耗時間的原因在於，主題不明確、議而不決、決而不行等等，浪費了大量的時間與成本，使會議效率深受影響。

對於會議負責人來說，如何提升會議效率及效益，讓會議產生的價值與其消耗的時間、成本相當，甚至讓價值超過成本，是急待探究、解決的問題。

在會議召開的過程中經常因以下原因導致會議拖延，無法取得預期效果，比如資料準備不充分，對會議召開過程中可能發生的情況考慮不周等等。為了避免這些情況發生，會議負責人在會前要做好充分準備，準備好會議議題、會議內容、會議所需的資料等等，以保證會議能順利進行。

◆ 掌握好會議總量的統籌

有著「現代管理學之父」之稱的管理學大師彼得‧杜拉克（Peter Ferdinand Drucker）表示，當一家企業的經理花費在開會中的時間超過其日常工作時間的 25%，就意味著這家企業本身的管理出現了問題。而中層管理者花費在會議中的時間應該更少。精簡會議可以採用多種方式，比如整合主體相近的會議、在會議前使與會人員進行充分溝通、取消一些務虛性的會議等。

◆ 掌握好會議召開日期的統籌

從人類的生理時鐘規律來看，人們在不同的時間節點的注意力與精神狀態存在著明顯的差異，有的人屬於早睡早起的百靈鳥型，而有的人則屬於晚睡晚起的貓頭鷹型。對於企業召開會議而言，會議的召開時間要盡量避開包括週末在內的假期的開頭與結尾，出差當天及返回當天盡量也不要召開非緊急會議。

業內專家表示，人們在一週內展開不同類別的工作時，其效率有很大的差異。

1. 週一比較適合安排本週的工作、設定目標，不適合解決問題或矛盾。所以，很多企業會在週一安排例會。
2. 週二人的工作效率較高，尤其適合召開專題研討會，以便解決企業發展所遇到的重大問題。
3. 週三人們的心情較為舒暢、思維十分活躍，此時可以召開制定企業策略決策的重要會議。
4. 週四時人們溝通積極性更高，可以舉辦以交流意見、處理矛盾為主題的座談會及總結會。

5. 週五時，人們比較激進，不太適合舉行會議。

◆掌握好會議類別的統籌

按照會議的重要性對其進行排序，那些上級指示的緊急會議要排在首位，並留給其足夠的時間；對於例會，應該合理安排時間；而臨時會議則應該精簡。

◆掌握好會議制定計畫的統籌

在每年的年初及年底根據上級部門的有關指示與自身的發展需求制定未來一年內的會議計畫。

確定會議議題

對企業管理者而言，會議時間在總體時間中占據較大比重，企業的整體管理效果與會議效率緊密相關，然而，很多企業都難以實現預期的會議效果。不少企業都存在這樣的問題：高效會議只占30%，會議召開期間，能夠得到充分利用的時間僅達30%。通常情況下，企業為了展開資訊討論、制定策略決策或者提出解決方案而召開會議，但有些企業卻將會議視為一種單純的形式，透過會議來展現管理者的權威地位，在與會者缺乏準備的情況下就開會。這些問題都使得會議效率難以提升，增加了企業管理的難度。

現代管理之父杜拉克曾戲謔地說道：「現代企業中的專業經理人，如果不是在做事就一定是在開會。」這其實在某種程度上說明了會議在企業日常管理營運中的重要性 —— 會議是企業內部溝通交流、分享資訊、制定決策、傳達內容的最重要方式。因此，開好會、實現高效的會議溝通，已成為企業高層領導者必須具備的一項管理能力。

在會議召開之前，相關負責人需要進行充分的準備，就算是臨時組織的企業會議，也不能忽視會前的準備工作：

1. 制定會議備忘錄，及時交到與會人員手中，便於他們安排。若會議核心是探討專案報告，就要將報告檔案加進備忘錄，發放給與會人員。備忘錄的基本內容有：會議議題、討論事項、會議開始與結束時間、最終需做出的決定、會議出席者，若出席人員之前沒有太多交集，則需在備忘錄中新增與會者的履歷。

2. 會議所需的硬體工具：紙張、筆、白板，根據會議要求，還要準備

投影機、錄音裝置、喇叭等等。

3. 會議室的準備：若條件允許，應該選擇比實際出席人員所需空間偏小的會議室，減少不同與會者之間的距離，鼓勵大家積極參與討論，營造熱烈的現場氛圍。如果出席人數在 5 到 30 人之間，可以將桌椅擺放成半圓形或圓形。

4. 準確定位會議出席者：會議出席者需與會議內容存在關聯，包括預定的會議決策執行人員、監督人員等，並根據實際情況選擇專業顧問，在會議期間對議題進行專業講解。

會議一般都要圍繞某個或某些議題展開，只有確定了會議議題，主持者才能在開會過程中判斷哪些內容是重要的、哪些是離題的，從而更好地控制會議程序，保證開會效率和效果。相反，若會議沒有確定議題，既不是通報情況、解決問題，也不是進行相關決策，而只是為開會而開會的「泛泛而談」，則很難引起組織成員的參與興趣。即便由於公司管理層要求而不得不參加，也只是浪費時間精力，甚至對管理層的威信造成一定損害。

會議議題的選擇並沒有一個確定的標準或模板，不同企業以及企業發展不同階段所面臨的內外部狀況是千差萬別的，因此議題內容要根據具體環境、場合和個人因素確定。不過，以下三種議題是會議組織者必須高度重視並明確區分的；

◆ 真正的標準議題

每個組織都擁有自己的標準議題，需要在每次的管理層會議上定期討論，如新的訂單、生產能力的提升、資金流、可以相互對比的關鍵財務指標等。同時，這些議題都是定期重複出現的，當然不同組織的標準議題的內容會有所差異。

◆ 長期議題

　　長期議題也是定期重複出現的，但與標準議題不同，這類議題重複出現是因為議題中所涉及的問題一直沒有被恰當充分的解決，因而會不斷出現在會議討論中。比如，公司研發部門中創新氛圍的建構、某位重要客戶的抱怨、某個職員的困難或者某個機器不合格率過高等問題。

　　需要注意的是，企業不應長期放任這些問題存在，而要盡快解決：要麼將這些問題納入會議中進行充分討論，制定有效的解決方案；要麼指定某個人或成立一個專門的工作小組負責處理這些問題；當然也可以透過其他更好的方法去解決。總之對這類長期議題的處理要堅持一個原則——宜早不宜晚。

◆ 其他議題

　　很多組織中都會存在一些「精於」會議的人：這種人會在整個會議中耐心等待所有議題討論結束，然後在與會者鬆懈下來、感到疲乏的時候以「其他議題」的名義提出自己的觀點，利用與會者希望馬上結束會議的心態讓自己的方案快速通過。對這種情況必須堅決禁止，因為「其他議題」其實就是各式各樣的想法，它們通常與會議議題無關或不太重要，因此主持者要高度掌握會議流程，盡量避免讓這些內容進入會議。

　　當然，在瞬息萬變的現代商業環境下，會議議題確定後到正式開會前這段時間，發生必須盡快解決問題的重大事件狀況越來越常見，對此最佳處理方式是：在會議剛開始時首先討論這一問題，並根據具體情況來全部重置會議的主要議題。不過，對於那些玩弄會議技巧、以「其他議題」的名義提出與會議議題無關內容的行為，則應明確禁止，以免影響會議效率。

━━━ 擬定會議方案 ━━━

1. 將會議議題、會務、接待等工作分配下去，具體到個人與部門，形成紀錄，在會議前後對其進行檢查。

2. 明確會議目標。在會議召開之前必須明確一些問題，比如會議目標是什麼？會議能否不開？會議要召開多長時間？會議達到什麼效果才算成功……只有明確會議目標，才能將會議的核心主題突顯出來，才能將會議的最大價值充分發揮出來。

3. 會議議程最重要。如果會議議程安排得當，會議效率就能大幅提升。所以，會議議程要清晰、具體，制定會議議程時要與當事人聯繫，徵求當事人的意見，保證議題能夠準確、專業地表述出來。

4. 在重大會議召開之前，每隔三天就要安排一次小組碰頭會，檢查工作進度。在會議正式召開前一天，要將所有與會人員集中起來，強調代辦事項，保證每位與會者都明白自己的職責。

5. 在會務安排表格上，每一項工作都應具體到人，負責人要標注在具體的工作事項旁邊，工作內容與工作標準要通知到人，以免發生遺漏。

6. 會議總負責人要做好溝通、協調工作，檢查任務進度。會議總負責人要知曉會務工作的每個環節與細節，做好各環節與細節的控制工作，預先感知會務工作可能出現的問題，對其進行實時檢查。另外，總負責人還要以各項資訊為依據與與會者協調，保證會議能有序召開。

7. 在會議開始階段，會議總負責人必須在場，做好巡視工作，留意場內情況，保證會議能在最短時間內步入正軌，防止意外情況發生。對於大型會議來說，開場是否順利關乎整場會議的展開效果。

8. 錯誤舉例：

☑ 在會務方案中，與會議議程、會場有關的問題沒有做出詳細規定，沒有制定需求清單，也沒有將具體需求告知會場相關人員，會場人員對需求不了解；在會務方案中也沒有對嘉賓如何接待，由何人接待、專案由誰負責等內容做出明確規定；會場工作人員沒有佩戴工作證或特定的標誌，整個會場秩序無比混亂。

☑ 整場會議沒有明確的時間進度，各專案之間的銜接沒有按照規定流程完成。

☑ 任務安排不明確，沒有具體到個人，導致工作人員相互推諉，會議不能有序展開。

☑ 在任務執行的過程中，工作人員沒有向總負責人及時回饋工作進展，導致整場會議失控，意外事件頻發。

　　會議方案就是一個備忘錄，提醒總負責人與工作人員在什麼時間做什麼事情。根據一個周詳的會議方案，會議程序能隨時完善。在會議籌備的全過程中，所有關於會議的資訊都要匯聚在總負責人面前，只有總負責人全面掌握資訊，做好各項工作的監督工作，會議才能做好充分準備。要打造一場高效會議，必須關注七大內容，分別是：會議方案、會議目標、會議議程、與會人員與發言人、任務分配與職責安排、會議資料、資訊回饋。

──── 設定會議目標 ────

圖 5-3 設定會議目標

為了保證會議能順利召開，相關人員必須在會議召開之前做好準備工作。會前最重要的準備工作就是設定會議目標，一般說來，會議目標可以分為以下四種：

1. 傳遞資訊。會議組織人員向與會人員傳遞與企業相關的各類資訊，與會人員需要做的是對這些資訊進行記錄及分析，並盡可能地將其運用到日常工作中。

2. 解決問題。會議的目的是為了解決企業營運及管理過程中出現的各種問題，比如，監管機構公布了新的行業政策，導致企業現有業務出現了各種問題，必須透過開會予以解決。

3. 制定計畫或方案。會議的目的是為了制定計畫或者方案，透過召集各部門進行討論，確保計畫或方案的科學性及全面性。

4. 調整利益。會議的目的是為了調整組織結構、進行權力及利益再分配等。

一個正確的會議目標應滿足以下四點要求：

◆ 會議目標必須書面列明

在很多會議主持人看來，將會議目標用書面形式呈現出來完全沒有必要，因為他們已經將會議目標記在腦中，可以隨時想起，無需用文字的形式表現出來。事實上，這種想法是不正確的，因為在會議召開的過程中，受各種因素的影響，主持人很有可能忘記會議目標，導致會議效果偏離預訂軌道。具體來看，將會議目標用書面的形式表現出來可產生三點好處，一是能充分說明目標內涵，二是不會遺忘，三是如果目標種類比較多，將會議目標書寫下來能對目標之間潛在的矛盾進行調和。

會議備忘錄裡，清楚標注了會議討論的事項、最終應該做出的決定等，會議負責人還要確保所有出席者知曉會議目標，在會議討論時，能夠以會議目標為中心展開交流與互動。如果會議缺乏明確的目標，就很難達到預期的會議效果，也容易導致討論偏離會議主題。

為了避免會議討論偏離主題，相關負責人需要在會議期間加強控制，同時要讓與會人員牢記會議目標。若企業經常出現會議期間偏離主

題的現象，可以在討論開始之前，用文字形式展現在白板上，要求與會者必須圍繞會議目標進行發言。

　　另一方面，要確保與會者對會議目標有著清晰的掌握，這對相關負責人的表達能力提出了要求。若情況需要，在與會者到齊後先對會議目標進行全面講解。避免與會人員因不清楚會議目標，而導致其討論偏離主題。

◆ 會議目標必須切合實際

　　會議目標切合實際的意思就是會議目標必須具有可行性，能夠實現，但不意味著會議目標要容易實現。事實上，對於目標追求者來說，一個不容易實現的目標更能激發他的潛能與挑戰欲，取得意想不到的效果。也就是說，會議目標不僅要能夠實現，還要具有一定的挑戰性。

◆ 會議目標要具體且能衡量

　　會議目標切忌籠統模糊，因為這樣的目標很難成為行動指南。比如，某企業主管發現某款產品的不良率過高，決定開會探討出一個解決該問題的方案。如果該主管將會議目標設定為「探討降低產品不良率的方案」，這個目標就很難提供給與會人員有效的指導，因為這個目標沒有明確具體的目標，即要在多長時間內將產品的不良率降到多少。如果該主管將會議目標設定為「探討 3 個月內將產品的不良率降低 3%」，上述問題就都不會出現。

◆ 會議目標要明確「應實現什麼」

　　「應該做什麼」是主席本位，「應該實現什麼」是成果本位，相較於前者來說，後者更具實效性。比如，如果會議目標是「向員工宣傳新的

告假程序」，這個目標就屬於主席本位，主席很有可能就是照本宣科，會議很難呈現出好的效果；如果會議目標設定為「讓員工了解新的請假程序」，這個目標就屬於成果本位，主席必須了解會議效果，保證員工真正了解請假程序。

—— 制定會議規則 ——

企業會議的基本角色包括：會議組織者（會議主席）、參與人員及會議紀錄者。會議主席承擔組織會議的任務，大多數情況下，企業不會將會議召開的任務一併交給會議主席。由於大多數企業會議是由級別最高的管理者來召開的，若該管理者同時擔任會議主席，則無法全身心參與到會議中。另外，管理者擔任會議主席，會導致其他參與者礙於層級壓力，在發言時存在顧慮。

確保會議依據原定計畫及流程展開，是會議主席承擔的主要任務，而要保證會議的正常進行，就要對會議過程中出現的問題進行有效處理：

（1）在會議期間，及時向與會者提醒會議目標及核心主題

如果有人出現跑題現象，要將其重新拉回到原定軌道。若有人在討論中持續發言，占用了過多時間則應委婉終止，為其他人預留足夠的時間。

（2）若會議中出現與會者攻擊發言人的現象，會議主席需進行控場

在問題出現時，要讓所有與會者明白，會議召開時為了制定問題解決方案，不是無意義的辯駁，與會者應該透過討論達成一致，而非爭強好勝。

（3）主席應站在中立立場

會議主持人由主席擔任，為保證會議討論的公開、公正，要避免主持人與會議討論存在利益交集，為此，可以選則第三方部門或公司之外

的人負責主持。另外，主持人需要在與會者到齊後表明自己的中立立場，並在會議中切實執行，避免作為與會者參與會議討論，禁止偏袒討論中的任何一方，使與會者認可自己的工作。

會議紀錄人員需要做的是，對與會者在會議討論中表述的要點進行提取並記錄下來，還要確保所有與會者都能夠明白自己記錄的內容。在人員選取上，除了指派專門的紀錄者之外，也可以在與會者中任命一人負責紀錄工作。紀錄人員要扮演好自己的角色，就要注重如下幾點：

☑ 能夠準確提取發言者的要點。因為書寫速度要慢於語言表達，紀錄人員需要對發言者的要點進行準確提取，而無需將其全部發言內容都寫下來。若對發言人的表述存在疑慮，需要與當事人進行核對。透過白板向與會者展示會議紀錄時，需保證字跡清晰，便於識別。

☑ 使用標記符號。為了對具體內容進行強調，可以對關鍵字進行標注，比如，加粗、打勾、劃線等等。也可以使用不同顏色進行標記，用來進行內容區分，便於與會者辨識。

☑ 做好會議紀錄的本職工作。紀錄人員在履行職責時不應參與會議討論，若要參與，就應臨時將紀錄工作交給其他人來進行，以免與會者對記錄內容產生懷疑。當發言人認為會議紀錄與自己表達的意見存在出入時，紀錄人員應該立即做出調整，並取得當事人的認可。

與會人員需要在會議期間圍繞中心議題展開討論，並表達自己的見解。為了讓所有與會者都能發言，可按照職位級別，從基礎層級到高級管理層進行排序，逐一闡述觀點。若管理者十分看重下屬的個人意見，在會議發言環節，可將不同級別的人分隔開來，按照職位級別排序，依次進場表達意見。如此一來，下屬在發言時，就能按照個人意願暢所欲言，而不會因上級在場而臨時改變主意。

第 5 章
建立會議程序表

　　除了客觀表達自己的意見，還要注重傾聽。會議上之所以出現混亂場面，有相當大一部分原因是發言者還未充分表達自己的看法就被其他人打斷，產生激烈的言語爭論，增加了問題解決的難度。為了避免這種現象的出現，與會者需要傾聽發言人的內容，並透過提問方式來解決自己心中存在的疑慮，為了表示自己聽懂了對方的發言，還可對其內容進行適度重複。

　　另一方面，在會議召開期間，與會者應該注意觀察白板上的內容，掌握會議議題、各個發言者的觀點、當前討論的中心話題等，避免重複發言或者偏離主題。與會人員還要進行會議紀錄，並履行會議監督責任。當會議期間有人出現偏袒發言人的現象時，要及時提醒。為了保證會議的正常進行，與會人員應該在準確表達自身觀點的同時，努力透過會議討論找到有利於各方的問題解決辦法，克服會議期間的不良情緒，理解與包容他人。

—— 確定與會人員 ——

　　制定好會議規則之後就要確定與會者名單。在會議召開的過程中，經常有人一言不發，這些人大多是與會議無關之人，邀請這些人參與會議不僅會拖慢會議程序，還會浪費會議成本。所以，在會議召開之前，會議負責人要列好與會人員名單，將其中與會議無關的人員剔除出去，不要邀請無關人士參與會議。根據主席原則，與會者只需邀請以下兩類人員即可。

◆ 能幫會議目標實現的人

　　會議召開的目的就是實現目標，所以，主席在邀請與會人員的時候要率先邀請那些有助於會議目標實現的人，但這些人也不是必須出席會議。對於那些在會議召開之前就約見並傾聽過意見與建議之人，可不再邀請其參加會議。

◆ 受益於會議之人

　　雖然邀請這些人參與會議能讓會議功能充分發揮出來，但主席也有可能不邀請這類人參加會議，只是在會議結束之後告知他們會議結果。

　　對於那些無法確定是否邀請的人士，會議主席最好秉持「寧可邀請，切勿排斥」的原則，主動邀請他們參加會議，不要遺漏。在這裡需要注意一點，就是與會者的人數不要太多，其原因有三點：

第 5 章
建立會議程序表

1. 會議成本較高，所以盡量不要邀請那些與會議無關的人員參加。

2. 在約定好的會議時間內，如果與會人員數量過多，每一位與會人員參與會議的機會就會有所減少。

3. 與會者人數過多會導致溝通困難。舉個例子來說，假如與會人員只有 3 人，那麼溝通管道就只有 6 條；如果與會人員增至 4 人，那麼溝通管道就會增至 12 條；如果與會人員增至 8 人，那麼溝通管道就會增至 56 條，以此類推，與會人員越多，溝通管道就會越多，與會者掌握資訊的能力就會越低。

一般來說，最佳的與會人員數量為 5 至 7 人，因為這個與會人員數量，不僅能讓彼此之間的溝通更加通暢，還能為與會人員提供更多參與機會。如果與會人員數量過多，為了保證溝通效果，主席最好根據實際情況採取分組討論的方式，對各種議案進行有效處理。

員工參加企業會議勢必會在某些方面給公司帶來損失，所以，如果一位員工沒有參加會議的必要，可以將參與會議的時間放在其他領域，為公司創造更多價值。而且，這類沒有必要參與會議的人出席會議會妨礙會議程序，給會議造成不良影響。

會議主席要將每一位與會者都看作一種資源，資源要根據需要進行合理利用，並非越多越好。為了從每種資源中獲利，管理部門不能把與會者的責任與技能視為理所應當，也不能單純的認為個人目標與公司目標一致。在很多時候，個人希望從會議中獲得的內容與會議目標往往有較大的出入。

會議主席要把企業會議看作一個群體，這個群體的任務就是相互影響以完成某項工作，不要單純地質問參與者是誰，為什麼要參與。具體來看，會議主席在邀請與會人員時要充分考慮以下問題：

1. 與會人員會對會議的行動後果產生何種影響？

2. 在中心議題的專業知識領域，這個人是否能做出一定的貢獻？

3. 這個人是否有解決類似問題的經驗？所涉及的議題與人物是否相關？

4. 這個人的級別與地位是否適合這個會議小組？

5. 這個人是否能做決議？

6. 在專案審查與決議方面，這個人是否具有法律責任或行政責任？

7. 這個人能否提出一些客觀的意見來抵制已知形成的意見，或扮演好評論者、媒介者的角色，以保證會議成功召開。

8. 這個人的能力與職責是否與其他與會成員重複？

9. 受某些原因的影響，這個人的出席是否會對會議的總體效果產生不良影響？

10. 這個人是否能全身心地投入會議，不會在會議召開期間三心二意？

——— 確定會議時間 ———

在選擇會議時間時，主席首先要考慮自己的時間，讓自己有足夠的時間準備會議，並為自己預留充足的休息時間。這種做法並不意味著以主席為中心，其原因在於主席對會議成敗有直接影響，所以在選擇會議時間時主席要優先考慮自己的時間。其次，主席也要對與會者的時間進行充分考慮，如果與會者對會議召開時間不滿，會議目標就很難實現。

對於非緊急會議，應該給與會人員足夠的準備時間，可以在會議開始前一週通知各個參與人員，這能讓與會人員有足夠的時間來準備相關資料，制定一些計畫或者方案等。會議通知內容主要有：會議名稱、會議目的、會議議題、召開地點、會議流程、會議參與人員名單等。

會議時間不僅包括會議開始時間，還包括會議結束時間。大多數會議都只標注了會議開始時間，沒有註明會議結束時間，進而產生了兩大危害：

1. 與會者沒有辦法對後續工作進行合理的規劃。
2. 導致會議效率大幅下降，因為會議沒有明確的結束時間，原本一個小時的會議很有可能拖成三個小時。

為了防止這兩種情況發生，主席必須明確會議結束時間，並且必須按照這個時間準備會議。如果有些會議確實無法確定結束時間，主席也要確定一個大概的結束時間，或者將會議安排在下班前、午餐前、某種活動開始前，以有效地控制會議時長。

◆ 充分考慮與會者的精力條件

選擇會議時間時，要考慮到與會者的時間安排及其精力條件。如果與會者難以集中精力，或者很難調動起發言的積極性，就應該調整會議時間。舉例來說，在臨近晚餐、下班或者週一、週末的時間都不宜舉辦會議。

臨近吃飯時間，與會者有可能感到飢餓，對食物充滿期待，而無法集中精神參與會議；週末，與會者大都有自己的安排，希望好好休息或者娛樂一下；週一時，與會者可能需要繼續處理週末遺留的事項，或仍然沉浸在週末的美好回憶中。所以，企業的會議時間最好避開上述三個時間點，選擇更加適當的時間來舉辦會議，提升會議效率。

在一週的工作日當中，將問題討論安排在週四是最為理想的。根據心理學的研究結果，在週四進行討論，各方形成統一觀點的難度要小一些。另外，要明確會議時間，包括會議開始與結束時間，要避免會議拖沓，不然容易使與會人員感覺距會議結束遙遙無期，因缺乏時間限制而產生倦怠心理，長此以往，這種開會方式會成為企業的習慣，導致會議缺少明確的時間限定，會議效率低下。

◆ 科學地擬定會議召開的時間

（1）掌握一天的哪個時間比較適合開會。通常情況下，人們在上午時注意力相對集中，精神狀態良好，比較適合舉辦會議。經過了一上午的工作後，人們到下午時的精力逐漸被消磨殆盡，如果此時舉辦會議，應該盡量選擇那些能夠快速達成意見一致的會議。

當然，偶爾將午餐融入會議中也是不錯的選擇，因為共享食物能夠很好地增進人們之間的感情。不過這也會影響員工的休息時間，很多員工如果中午不午休，下午的工作效率就會極低。

（2）由於人們上班或者下班前後的半個小時注意力不集中，應該避免在該階段召開會議。對於開會的時間，哈佛時間管理理論強調採用「零數效應」。人們的生理時鐘會在整點時間時提醒人們的日程安排，將會議時間定為整點時間後的 10 至 15 分鐘時，能夠有助於人們在整點時提醒自己接下來要做的工作，從而有效提升會議效率。

（3）確定會議召開時間時，應該充分保證核心決策者與大部分的與會者能夠參加會議，可以嘗試在確定時間時對相關人員的日程安排進行蒐集。

（4）注重會議舉辦期間的外部因素，比如交通因素、天氣因素、停電、通訊故障等，遇到這些不可抗力因素後，會議品質與效率會大幅度降低。

◆ 科學地擬定會議持續時間

心理學家指出，成年人能夠集中精力的時間在 45 至 60 分鐘之間，超出這一時長後，人們的注意力與精神狀態會明顯下滑，連續工作 90 分鐘時，人們會感到相當疲憊。所以，企業應該合理地安排會議時長，如果會議需要持續較長的時間，會議期間應該安排合理的休息時間。

雖然對於一場會議的時長不同的人有不同的見解，但一般來講，一場會議的時長最好控制在一個半小時以內，因為很多人注意力集中的時間都不會超過一個半小時。如果會議主題是一個非常嚴肅的事件或極其困難的專案，會議時間必須控制在 1 個小時以內。但這並不意味著一場會議的時長不能超過 2 個小時，因為如果一場會議的議題較多，就必須延長會議時間。但需要注意的是，如果會議時長超過一個半小時，就必須預留出中途休息時間。

最後，還需注意一點，如果主席無法按時出席會議，尤其是重要會議，就必須另外選擇一個時間召開會議，不能輕易找人替代主席出席會議，以免影響會議效果。

—— 選擇會議地點 ——

很多人在選擇會議地點的時候都會遵循兩個原則，一是方便主持人，一是方便與會者。事實上，這種做法並不合適，因為方便只是選擇開會地點時需要考慮的因素之一。會議地點的選擇至少要考慮七大因素：

1. 場地空閒並且可以使用。
2. 場地空間夠大，能夠容納與會者與各種裝置、器材。一般來說，每位與會者需要 1.5 公尺至 2 公尺的空間。
3. 場地中必須有桌椅，桌椅的舒適度應適中。因為會議時間越長，桌椅帶給與會者的舒適感就越強，但是桌椅也不能太過舒適，以免讓與會者無心開會。
4. 會場必須配置足夠的照明裝置與通風裝置。
5. 為了讓與會者專心開會，會場應免除聲音、電話、訪客等干擾。
6. 會場必須讓主席與與會者感到方便。
7. 會場租金不能過高，以更好地控制會議成本。

在這 7 個條件中，前 4 個條件是會議地點選擇的必備條件，後 3 個條件可以無需同時具備。比如，為了控制會議成本，為主席及與會者提供方便，可將會議地點設在與會者的辦公室附近，但由於離辦公室太近，會議召開過程中就不免會受到訪客、電話干擾。

另外，將與會地點選擇與會者辦公室附近，與會者也會在會議召開的過程中頻頻進出會場。但如果為了讓與會者專心開會而將會議地點選

擇在離與會者辦公室較遠的地方，不但會讓與會者感到不便，還會增加
會議成本。關於會議地點的選擇，管理者往往有一些共同的看法：一般
性會議或時長較短的會議可以將會議地點選在與會者辦公室附近，比
較重要的會議或時長較長的會議則可以選在距離與會者辦公室較遠的
地方。

◆ 選擇地點

如果其他條件相同，在會期較短的情況下，會議地點最好選在距離
與會者比較近的地方；在會期較長的情況下，會議地點最好選在與會者
最想去的地方，比如商業中心或旅遊景點附近等等。

越來越多的機構發現會址選擇是否合理與會議成敗有非常直接的影
響，有的企業報告認為，多樣化的會議地點選擇會激發與會人員的興
趣，增加新功能。並且多樣化的會議地點選擇還能為會議召開提供便
利，讓服務更周到，讓可安排的專案更豐富。

◆ 考慮利用會議中心

同時解決眾多後勤問題最好的方法就是在會議中心開會。經過十餘
年的發展，會議中心這個概念逐漸完美，現如今，會議中心能同時容納
200 人開會。

在美國康乃狄克州，哈里森會議中心就是一個非常著名的會議中
心，要想在這裡召開一場會議必須提前一年預訂。這個會議中心承接各
種專家討論會與專題討論會，會議各開兩天，平均參加人數為 20 至 100
人。這個會議中心擁有 20 間會議室，每間會議室的大小在 20 平方英尺至
3000 平方英尺之間，座位在 12 個至 25 個不等，可安排不同類別的會議。

　　這個典型的會議中心坐落在沒有汽車、行人、飛機干擾的邊緣地區，這個會議中心除了大小不一的會議室外還擁有房間充足的旅館、咖啡館、餐廳，可以安排全套會議服務專案等等。

　　在這裡需要注意一點，就是無論是經驗豐富的主持人還是缺乏經驗的主持人，都會發現一個良好的會議中心能解決很多計畫難題。因為這種會議中心非常適合召開小型會議，能對主持人的需求做出預估，從而幫其解決很多細節問題。並且，在會議中心召開會議所消耗的費用也不會太高。現如今，大大小小的會議中心相繼崛起，有些會議中心建設在了大城市的老房子裡，對於這類會議中心，主席要認真篩選。

◆ 及早提前預定

　　在會議計畫形成時就要預定會議要點，在必要的情況下，會議地點可以是暫時的。當然，會議地點最好提前預定，一些備受歡迎的會議地點甚至要提前幾年預定。相較於選擇適合會議方案的會議地點來說，根據可供選擇的會議地點設計會議方案要容易很多。

　　初期，會議地點負責人可以透過郵件尋找會議地點，當然前提是要有細節概要和擬定好的會議日期。具體來看，會議地點的招標活動要包含以下幾點內容：

1. 活動的一般安排，最好附上以前類似會議活動的安排，以便相關人員找到最合適的場地。
2. 會議場地的要求，比如明列對圓桌討論小組、陳列區、宴會等的要求，對每項會議占用的時間、參加的人數做出具體說明等等。
3. 對事先擬定的社交活動進行簡述。
4. 如果需要特殊場地、裝置、人員、餐飲需要提前說明。

5. 說明與會人員住宿的天數及所需各類房間的數量，套房、單人房、
   雙人房各需幾套等等。

在和場地管理部門進行初步協商時，最好對以下各項內容提出要
求，包括場地大小、價值表、平面圖。預定會場時各項財務細節都可以
協商，但最終場地必須根據視察結果來確定，不能僅憑平面圖確定。

◆ 徹底視察開會場地

會議管理人及會場安排負責人要視察擬議的會議場地，詳細核對各
種細節問題，具體如下：

1. 檢查所有會場。會議負責人不能單方面地認為所有的房間都是一樣
   的，要詳細檢查每個房間的物質條件，發現其中隱藏的各種問題，
   比如照明裝置不完善，通風條件不好，休息室配置不合理，出口不
   通暢，場地分配不合理等等。如果不確定某個房間是否能容納全部
   與會人員，就要仔細核對會場容量。
2. 抽查單人房、雙人房、套房，要對房間的家具、床鋪、清潔情況進
   行全面檢查。
3. 詳細檢查會議管理及會場的後勤所在地，並登記，以便與會人員達
   到所有的會議場所。
4. 檢查餐飲情況，要求餐飲供應方提供過去的各種菜單，單獨前往餐
   廳巡視、檢查，注意服務人員的態度及服務品質。
5. 如果安排的房間不在同一個樓層，就必須檢查電梯的運行情況，以
   免與會人員往來各會議室時發生延誤或遇到電梯故障。
6. 詳細檢查可獲得的服務專案、營業時間、社交及娛樂活動支出。
7. 詳細檢查會場與飯店之間的交通情況及停車情況。

◆ 簽訂書面合約

對於大多數飯店與會議中心來說，各種類別的會議是重要的收入來源。所以，這些飯店與會議中心會竭誠為會議服務，盡最大的努力讓與會人員感到滿意。在大型會議中，幾乎每個環節都涉及到談判，比如宴會費用、會場、宣傳郵件等等，這些事項都可以協商。

某事項一經協定，就必須將其以書面的形式呈現出來，明列各項具體安排。具體來看，最終形成的書面合約應包括以下細節：

1. 明確所有的會場，包括房間名稱、使用時間、餐桌座位安排、視聽裝置及其他裝置等等，由負責人簽字，附加在協定書上。

2. 確定客房數量、房費表、餐飲及服務，如果條件允許，還可以明列與會人員的到達時間與離開時間，房租起算日期與退租日期，不受約束的客房退房日期等等。

3. 對於飯店免費提供的商品與服務要一一確定，比如會議室及其布置、歡迎會的音樂、工作人員的飲食、特別的裝飾、電影放映員及其他人員等等。

4. 明確小費安排，比如針對用餐、整理房間的服務、共同侍者及其他人員的消費擬議一個費率；或者直接在總帳單上增加一個百分比作為小費。

5. 確認會議的特殊安排及所需費用，比如增加的特別人員、設施或服務及其所需費用。

6. 確認預定房間，包括公司在接待賓客方面的財務預算。

7. 建立個人信貸，將由與會者個人承擔的費用明列出來。

8. 確認一個可以取消預定並且不會收取任何費用的期限。

必須將各種協定細節以書面合約的形式呈現出來，以免引起不必要的誤會與爭執。在會議召開前夕，會議負責人要時常與場地管理部門聯繫，確保各項工作都已準備齊全，以免出現突發情況影響會議正常召開。

◆ 選定地點和時間的重要性

沒有一個時間或地點適合所有的會議，但每個會議都有適合它的時間與地點。要確定一個最佳的會議時間就必須在會議安排之前與主要的與會人員聯繫，根據與會人員的時間安排會議時間，以免主要的與會人員無法出席會議，給與會人員或會議帶來較大損失。不同的時間，人的機警程度與精神集中程度有不同的表現，下班之後開會容易讓人感到身心疲憊，飯後人的感受能力最低，如果在這個時候開會，會議效果往往不佳。

另外，會議時間越長，會議效果越差，那些鼓勵創造的會議更是如此。所以，為了讓會議效果達到最佳，最好減少開會頻率。如果會議目的是協調或檢查，最好定期開會，尤其是在重要專案的最後階段，每天召開例會達到的效果更好。

◆ 會議室

會議時間及物質享受往往對會議效果有直接影響，辦公室或許是最自然、最方便利用的會議地點，但在辦公室開會往往很難達到會議目的。因此，在選擇會議地點時要對以下因素進行評估。

1. 對於大多數與會者來說，理想的會議地點應是行程最短的地點。

2. 在選擇會議地點時，首先要綜合考量噪音及各種干擾會議正常進行的因素，將會議地點選在遠離辦公室的地方，以讓與會人員集中注意力，全身心地投入到會議之中。另外，為了營造一個良好的會議氛圍，還要對通風裝置、照明度、音響效果、室內溫度、空氣流通度等因素進行調節。

3. 座椅的舒適度對與會者注意力持續的時間有直接影響。如果會議地點是租來的，就要詳細檢查裝置器材，方便會議與會者使用。另外，為了振奮與會人員的精神，會場中應配置相關裝置。

第 6 章
會議組織流程與技巧

—— 起草議程 ——

　　會議議程就是會議據之展開的程序表，既包括完成會議目的的各種議案，也包括與會者的姓名、會議的時間地點、不同階段的內容安排等諸多專案。在進行會議議程時應遵循以下兩個原則：

　　原則一：根據內容的重要性和緊迫程度編排不同議案的優先順序：議題內容越重要、越緊迫，越應該安排在會議議程前端處理，反之則可放在議程後期討論。這樣編排可以保證在預定會議時間內無法處理完所有議案的情況下，最重要、最緊迫的議案能夠被首先處理完，而那些相對來說不太緊迫的議題則可以另選時間或留到下次會議中處理。

　　原則二：預估處理每一個議案所需的時間並明確標示出來，這有助於會議有次序、有節奏地穩步進行，使會議的每個階段都有明確主題，規範會議過程中與會者的討論內容，促使會議始終圍繞核心議題高效進行。

　　反之，如果不提前規劃好每個議案所需的處理時間，則與會者便無法了解每個階段的中心議題，溝通次序和節奏就容易出現問題，影響會議實效性。因此，企業應從制度或政策層面明確規定必須首先擬定議程才能開會。

　　會議組織管理部門擬定議程後，要在發出開會通知時將議程一起發給參與者，以便他們可以了解會議主體、目的和流程，提前做好準備。即便是一些沒有擬定正式書面議程的會議，與會者也應提前了解、做好準備工作。

　　當然，擬定正式的書面議程會有更多便利：會議領導者可以在書面議程中明確會議目的並將其細化為會議不同階段的議題，使會議按照既定章程穩步有序進行，如此組織者便擁有更多精力去處理、合作與會人員間的關係。

　　此外，與會者對議程的重視程度，與組織管理部門在正式開會時對議程的利用程度密切相關：會議組織部門越是嚴格按照預先擬定的議程開會，與會者就越重視議程。

　　會議領導者通常負責擬定議程，不過與會者參與會議議程的編制，有助於他們更容易理解會議目的和中心議題，從而在會前更充分準備。因此，會議領導者應透過多種方式鼓勵與會成員參加會議議程的擬定：

1. 根據會議議程，讓與會者分批出席會議。根據數據內容，在數據的標題處標注「供參閱」、「供決策」、「供討論」等字樣，讓與會者明確自己在會上的任務。

2. 重要發言和複雜的議題要放在會議前半部分，讓與會人員能精神飽滿地參與討論。會議主席要提前明確會議議程，提前寫下議題目標、重點討論事項、會議需提問的問題等等。

3. 提前 2 至 3 天將會議議程分發下去即可，以免過早分發會議議程，部分與會者會將其遺失。在會議正式召開前半天，要再次通知與會人員會議召開時間；在會議正式召開前一天，要再次提醒與會者準備相關資料，以免對方忘記。

4. 在會議結束之前主持人要總結會議，總結會議要點，明確每項任務的內容、負責人、注意事項、完成時限等等。每場會議都要做好筆錄，形成會議紀要。重大會議的會議紀要應該在 3 天內發送給與會者，以便會議形成的方案能有效落實下去，以便對方案落實情況進行檢查。

5. 業務協調會議，要將需要通知、需要主管協調、需要大家共同努力的事項講清楚。當然，在座談會上，主持人也要適時提醒每一位發言者的發言時間與發言主題，以免發言超時或發言內容偏離主題。

6. 讓與會者提前思考會議將要討論的問題，比如可以透過哪些方法有效解決問題，與會者可能會對哪些問題出現歧見，討論的問題最後結果意味著什麼等。

7. 在時間比較充裕的情況下，將與會者的想法或問題解決方案編制到會議議程中，並提前發送給所有與會者，讓他們補充完善。

8. 提前告知會議目的和主題，讓與會者去做一些具體的前期準備工作，如蒐集會議主題相關背景數據等。

9. 議程中的所有議案盡可能圍繞同一個主題，以便讓與會者明確會議目的，並減少參會人數；如果出現多個主題，則最好圍繞不同主題將整個會議劃分為不同的階段，每個階段集中討論一個主題。

10. 如果議程中有多個主題且不同主題之間沒有太大關係，則應盡量減少話題數量，因為與會者很難對不感興趣或與自己沒有多少關係的內容保持高度關注和熱情。

11. 對於議程話題，最好將其轉化為一個需要充分準備的主要討論專案，和若干不需要投入太大精力準備的次要專案。

12. 擬定議程要緊密圍繞會議目的進行，不能將某些「有權有勢」但與會議主題無關的管理人員青睞的專案編進會議議程。

13. 將議程中的每一項話題附件都提前分發給與會者，以便正式開會時討論到的每一個話題與會者都已經提前了解並做好準備，提升會議效率。

14. 人們開會時最厭惡的事情之一是會議拖沓，不能按照預定時間結束，因此議程中要明確標示出會議將要召開多長時間，向與會者指出不允許超時，藉此鼓勵他們的參與熱情，並督促與會者提前做好相關準備。

15. 對於一些爭議性較大、比較複雜或者與會者不熟悉的話題，在擬定議程時要注意保留充足的討論時間。

16. 會議組織者應充分意識到人們集中注意力的時間是有一定限度的，超過這個時間限度，與會者的狀態和會議效率就會不斷下降，因此應合理安排會議時間；如果確有很多需要處理的議題而不得不開長會，則要安排中間休息時間。

17. 擬定議程時，應盡可能將會後交流和娛樂時間考慮進來。

此外，在開會的過程中，會議主席應該隨時留意每一場會議或專案運作過程中的錯誤，對其進行總結，吸取教訓，在以後的會議中絕不犯同類錯誤。透過這種方式總結出來的錯誤非常真實、實用，不是空洞的理論，對以後的會議準備與召開具有指導意義。

會議主席可將找錯視為一項任務，安排專人負責，讓每一位參與者都參與找錯，每人至少要找出 5 個錯誤，負責人將這些錯誤匯總起來發送給與會者，讓與會者對其進行補充，最後編輯成冊，讓所有人都吸取教訓，防止這錯誤再次發生。透過這種方法，最終就能形成一套完整的、標準化的會議工作手冊。

當找錯成為一種工作習慣、管理方式之後，錯誤就會越來越少，工作品質、管理效果就會越來越高。

發放會議資料

　　會議十分高效的企業，往往在正式開始會議前，會議組織人員就已經進行了一系列會議準備工作。在會議召開前，首先應該確認的就是是否真的需要開會。有些事情其實完全不需要開會，透過內部論壇上釋出通知就可解決。

　　為了讓與會人員能夠積極發言，提升會議流暢性，會議組織方需要提前向會議人員發放會議相關數據（盡量以書面檔案為主），通常而言，會議數據應該在釋出會議通知當天交給各個參與人員。會上閱讀相關資料會消耗大量時間，為節約時間，提升會議效率，會議負責人要提前將會議資料分發給與會者，讓他們在會議召開之前閱讀資料，對會議內容有一個大致的了解，針對主要問題形成自己的判斷。這樣，在會議討論階段，發言者能迅速地將自己事先準備好的觀點與意見闡述出來，推進會議程序，使會議效率得以大幅提升。

　　（1）會議資料裝訂之後，相關負責人要完整地閱讀一遍，保證內容沒有錯誤、遺漏，內容分類及邏輯結構合理，資料屬於最新資料，順序無誤，印刷清晰。

　　（2）如果是論壇、研討會需要的資料，資料標題必須緊貼會議主線，資料內容條理清晰、重點突出、觀點新穎、契合會議目標、與其他演講者不同，切忌空洞、長篇大論、脫離主題。在準備資料的過程中，準備人員可以與發言人溝通交流，保證資料準備品質。

　　（3）會議須知。會議須知要包含以下幾項內容，分別是會議時間、

地點（具體到會議室，標明具體路線）；用餐時間與地點；會務組聯繫方式；會議紀律；會場所在地區的天氣、交通、景點介紹等等。

總而言之，會議須知要將會議期間與會者關於食、宿、出行等方面的問題表述清楚，讓與會者產生一種賓至如歸的感覺。最終，會議須知的成稿至少要安排兩名工作人員審校，以免發生文字表述不當、段落不清、印刷出錯等問題。

（4）錯誤舉例：

☑ 會議資料沒有分類，內容空洞，沒有將會議主題與實質性的需求反映出來。

☑ 在整理與會者名單時沒有仔細核對，將名字中帶「雪」、「花」等字的男士臆斷為女士，導致名單性別出錯。

☑ 與會者職務出錯，將正職與副職混淆。

對於一場會議來說，如果會議資料沒有脫離會議主題，其中有案例、數據，有獨特的見解與想法，就表示會議已取得了初步的成功。當然，在準備會議資料的過程中要謹記兩件事：

1. 要事先與發言人溝通，哪怕發言人是某領域的權威專家，都要反覆溝通，督促他寫好發言大綱，保證發言內容切中會議主題，防止內容空洞、偏離主題的情況發生。

2. 事先給發言者發送邀請函，將發言需求、聽講對象、發言主題、注意事項等寫清楚，不要過分相信電話溝通。

只有做到上述兩點，會議資料才有可能準備得專業、完善，才能為會議的成功召開提供最大的保障。

—— 做好接待 ——

（1）會議邀請函要提前 15 天發出去，相關人員每天都要匯總回饋人數，報給總負責人知曉。如果邀請函發出一週沒有得到回饋，負責人要主動打電話問詢，並將具體情況向總負責人匯報，總負責人決定重新增加人員還是設法與被邀請人聯繫。

（2）邀請函至少要確認三次：

☑ 邀請函發出之後立即打電話確認是否收到邀請函。

☑ 會前十五天確認被邀請人能否參加會議。

☑ 會前三天確認被邀請人的班機與車次。

☑ 對於重要與會者與發言人，要提前一天確認其到達時間，安排好接待人員，安排專人負責其食宿。

☑ 提前半天確認重要嘉賓與發言人的座位，提醒其開會時間、發言時間，安排專人接待、引導。

（3）如有接待宴會，要安排好上菜時間，在宴會開始前 5 分鐘上兩道熱菜，客人到即可用餐，以控制好用餐時間。

（4）在會議開始之前，要給與會者下榻的飯店提供一份接待須知與相應的聯繫人名單，如果會議接待需要飯店配合，要將所有需要飯店負責的工作以書面的形式告知飯店，即便是常規事項，負責人也要反覆提醒，防止飯店人員遺漏某些事項。

（5）錯誤舉例：

☑ 在與演講嘉賓聯繫時，工作人員沒有將會議議題和與會者的需求闡述清楚，導致演講嘉賓不了解情況，導致演講內容偏離主要議題。

☑ 發言稿件沒有提前審校，演講內容與會議主題不符，空洞，或者與其他發言者的發言內容重複。

☑ 演講超時，主持人未及時提醒，使會議其他安排受到影響。

☑ 沒有和飯店方面溝通好，導致會議各環節不能很好地銜接在一起。

☑ 沒有將嘉賓接待的注意事項告知接待人員，導致嘉賓無人接待，接待人員沒有接到人，車輛位子不夠等問題發生。

　　對嘉賓及發言人進行反覆確認的原因是：第一，表示對嘉賓及發言人的尊重，表達自己的誠意；第二，透過反覆溝通確認能增強嘉賓對會議的重視程度，督促其做好準備。因為有些嘉賓或發言人在收到會議邀請之後會因為工作繁忙忘記開會之事，所以，會議負責人頻繁地與嘉賓或發言人溝通，能提醒嘉賓、發言人做好準備，同時在溝通的過程中，會議負責人也能聽取嘉賓的意見，調整、完善會議內容。

—— 主持會議的技巧 ——

　　主持會議的人的能力及水準，對與會人員的會議體驗有直接的影響。毋庸質疑的是，會議主持人對於會議節奏的掌控程度，決定了他能否得到與會人員的認可與尊重。如果在主持人的引導下，會議能夠得以圓滿而順利地完成，他就會被與會人員認可，即便其僅是組織中一名基層員工。

　　對於會議主持工作而言，僅明白主持會議需要注意的問題及要點還不夠，必須加以足夠的練習，和很多事情一樣，主持會議也需要進行大量的訓練。

1. 主持人要了解整場會議的安排，熟悉會議議程，知曉演講人的基本情況與演講內容，在會議開始時做簡單的介紹與概述。

2. 駕馭會場氣氛。對於會議主題與各發言人的選題，主持人可用簡單的敘述將其串聯在一起。如果在會議召開的過程中發生突發事件，主持人要靈活處理、機智應對。

3. 會議負責人要做好策劃、設計與組織工作，為主持人提供專業的文字素材，面對面地將會場情況與特別注意事項向主持人講清楚。

4. 會議總負責人可以用便利貼、小紙條將會議相關情況及時告知主持人，比如發言人的主題與立意、臨時發生的變動、主辦單位的意圖等等，保證主持人能實時掌握會場情況，以便會議有序進行。

5. 在上午會議結束時，主持人要向與會人員交代下午的會議安排；在下午會議結束時，主持人要向與會人員交代第二天的會議安排，以

提醒與會者按時到會，以提醒發言者做好發言準備，達到緩解會議緊張氣氛，保證會議有序進行的目的。

在整場會議中，主持人是中樞神經，要承擔起承上啟下、調節會場氣氛的責任。所以，會議主持人要對整場會議的議題、流程進行全面掌握，引導會議朝著預訂方向展開，消除與會者的誤解，緩解發言人的緊張情緒。

現場布置

（1）要根據與會人員準備座位牌，一般來說，座位牌要多準備 20 個以便應對突發情況。若會議時間很短且不需要做記錄，如簡單的資訊通報會，則可以不準備座位，直接站立開會，方便與會者快速聚集和解散。

（2）在會議召開前一晚要將座位牌擺放好，會前一小時再次檢查座位牌，以防漏名、名字出錯等情況發生。

（3）會議桌椅以及桌子上的水杯、文具要擺放成一條直線，方向也要一致，以塑造出一種整齊、嚴謹的氣氛。如果不是超過一個半小時的長會，則盡量不要準備點心，以免與會者分心。

（4）在會場簽到處設立會議標誌，標誌上要書寫會議名稱、會議議題、會議開始時間與結束時間、演講人姓名。如果與會人員以往交集較少，彼此並不熟悉，則應考慮是否需要準備姓名卡片。

（5）會議需要的各種裝置，比如黑板或白板、幻燈機、放映機、投影機、電腦、大螢幕、國際研討會專用的同步口譯裝置要合理擺放，既要方便使用，又不能影響與會者的視線。在開會之前，相關負責人要檢查裝置，保證裝置完備且能正常使用。除此之外，會場布置人員還應特別注意是否所有與會者都能清楚看到幻燈機、放映機和投影機呈現的文字或圖片。

（6）會場音樂安排：

☑ 選擇與會議主題、會場氛圍相符的音樂,並提前讓總負責人試聽。

☑ 音樂負責人要做好與音控人員的溝通工作,告知其音樂曲目及播放順序。一般來說,會議召開之前要安排一些振奮人心、帶有緊張感的曲目,讓與會者盡快進入開會狀態;會中休息時間要播放一些輕鬆歡快的音樂,讓與會者放鬆心神。

(7)電腦和大螢幕顯示。相關負責人要提前一天技術預演,保證會場每個角落都能看到螢幕上的內容。會前一小時再預演一次,調整角度與焦距,調整字型大小,以保證所有與會人員的觀看效果。

(8)麥克風。在會議召開之前要透過調查確定麥克風的類別與數量,是用固定麥克風,還是用別針式麥克風,還是用無線麥克風。無論使用哪種類別的麥克風,相關負責人都要在會議開始之前確認麥克風的數量是否滿足需求,位置是否合適,能否正常使用。

(9)在會議召開的過程中,為了方便演講者或主持人和與會者溝通,要安排兩名工作人員負責為全場想要參與互動的與會者遞送麥克風。另外,為了方便演講者能夠走動演講,要在發言席上放一個無線麥克風。

(10)為了滿足演講者或主持人的書寫需求,工作人員要在演講臺旁邊放置白板、白板筆與雷射筆,並做好檢查,保證這些工具都能正常使用。

(11)燈光。會場最好使用可以調節亮度的白熾燈,以便在使用視聽裝置時能將燈光調暗。為了更好地控制燈光,相關負責人要在會前對燈光變化進行預演,為燈光調整做好準備。

(12)控制空調溫度。相關負責人要注意控制場內溫度。一般來說,與會者入場階段,會場溫度要低一些,因為隨著場內人員的增多,溫度

會自然而然地升高。當然，也可以提前對溫度調節裝置進行設定，讓溫度可以自動調節，防止會場溫度過高或者過低。

（13）在會議正式開始前一小時，會議總負責人要組織團隊成員對會務各環節進行全面檢查，包括會議場地、座位及座位牌、主席臺、音樂及音響、燈光、會議資料及數據、各種多媒體裝置等等，保證會議能順利召開。

（14）錯誤舉例：

☑ 會場布置方面，主席臺排序不對，嘉賓、發言者姓名、職務、性別出錯，部分與會者看不到螢幕內容。

☑ 在播放 PPT 時，會場燈光沒有及時調暗，影響與會者的觀看效果。

☑ 會前播放的音樂不符合會議主題與會場氣氛。

☑ 沒有對會議裝置進行仔細檢查，麥克風沒有聲音，投影機不能投放演講資料。

☑ 在安排座位時沒有留出空位，與會者突然增加，沒有足夠的位置安置。

☑ 列印雙面座位牌時只列印了一面。

在會議召開的過程中，如果電腦、麥克風、投影機這三種裝置出現故障，整場會議都會受到影響，很難再進行下去。在會議開始之前和中場休息時間播放合適的音樂，能引導與會者或盡快地進入會議狀態，或使與會者放鬆心神，以更好的狀態參加下半場會議。另外，燈光、音響、紙筆等都會對會場效果產生影響，這些細節恰恰能呈現出會議組織效果。

（15）明確規定會場中能否吸菸，如果允許，則應提供菸灰缸；若是不允許，則應在會場中張貼禁止吸菸的標識或文字；此外，若是與會人

數很多或者會議時間較長，也可在會場專門劃分出一片吸菸區域。

（16）最佳的會場環境應是座位不擁擠、光線好、聽得清楚、空氣流通、溫度舒服、沒有外部噪音和干擾，每位與會者都能集中精力思考和討論會議議題。反之，如果會場布置和環境令人不舒服，則與會者很難完全集中注意力去傾聽、思考和討論會議議題，從而影響會議效率和效果。

——— 座位安排 ———

　　座位編排是會場布置的重要內容，在相當程度上影響著會議成效。組織者應根據會議的具體性質和與會人員的數量合理安排會場座位。比如，以資訊傳遞為主的會議，如果與會人員很多，那麼最佳的座位編排方式是戲院或教室形式的座位布置；如果會議是為了討論處理問題，則在人數不多的情況下最好讓所有與會者環桌而坐，以方便成員間的交流討論。

　　再比如，在培訓性質的會議裡，如果與會者人數不多，可以將座位安排在馬蹄形桌子外圈，方便與會者與主持人（培訓者）以及參與者之間的交流互動；若是人數較多，那麼最佳方案是將與會人員劃分成若干小組，每個小組聚集在一張桌子周圍進行分組討論。

　　人們在音樂廳、戲院或球場中時，希望找到可以近距離觀看的有利位置；與此不同，在開會時，與會者卻青睞那些容易被上級和其他與會者忽視的位置。究其原因，一方面是很多與會人員只是將開會看作是日常例行工作，沒有真正意識到會議對自己職業發展的重要性；另一方面則是與會者覺得遠離主持人和其他與會者的視線，會更加「安全」和自在。

　　這種認知顯然是錯誤的。會議是獲取資訊、表達想法、解決問題的重要手段，是成員向主管同事表達自己想法、獲取他們認同和支持的重要場合，有助於爭取公司更多資源財力促進自己的工作。因此，除非會議組織者提前安排好所有人的座位，與會者自己選擇會議室內的座位時

應掌握好以下幾點：

（1）選擇容易讓其他與會者特別是會議主席注意到的位置，以便獲得更多關注，讓其他成員了解、認識自己，進而發揮出影響力。

比如，圍著長方形的會議桌開會，最佳位置是主席對面或靠近主席的左右兩邊，如此可以獲得更多與會議主席交流的機會；若是帶有雙翼的長方形會議桌，主席大都會坐在桌子一邊的中央位置，這時最有利的座位是會議桌雙翼末端，因為可以直接透過桌面與主席交流，而不用隔著其他成員的頭部；若會議桌是方形或者圓形，則最好選擇面對著主席的座位。

（2）平時開會時要留心觀察主席的行為習慣，比如主席有向鄰座人員諮詢意見的習慣，則應盡量坐在這個扮演「顧問」角色的位置，以便向主席表達自己的想法和建議，藉助主席的力量增加自己對會議的影響力，促使其他與會者關注並認同自己的觀點或方案。

（3）最好不要坐在與會議主席之間隔著自己頂頭上司的位置，因為頂頭上司會搶走與主席溝通的機會。比較理想的位置是坐在頂頭上司對面，如此不僅自己與主席的交流機會不會被頂頭上司「攔截」，而且還可以透過頂頭上司發言後的補充發言，將其他與會者的注意力吸引到自己身上，與上司一起增強在會議中的影響力。

（4）若會議桌上有攝影機等視聽裝置，則切忌坐在這些器材之後，否則很容易被其他與會者忽視。

（5）不要遲到，以便有充足的選擇座位的時間和機會。

（6）在選擇有利座位時必須特別留意不要坐在了主席或者會議組織者專門預留的一些位置上。

── 流程規範 ──

　　為了提升會議效率，管理者需要做好會前、會中及會後三個時期的工作，既要進行充分準備，又要保證會議的正常進行，還要確保會後的執行與落實。

　　── 會前準備。企業要提升會議效率，就要在會議開始之前進行充分的準備。若缺乏有效的前期準備，可能導致會議召開期間突發意外狀況，影響會議的正常進行，使與會人員無法展開高效的討論。

　　── 會中控制。為了提升會議效率，若沒有其他需要，會議組織者應該根據既定流程掌控會議進度。在會議召開期間，主持人需要發揮其控場職能，確保會議有序進行。

　　── 會後跟進。與會者應落實會議中制定的決策，根據要求將具體落實情況反映給相關負責人，也可以在接下來的會議中做公開報告。

　　為了確保會議具有較高的效率，會議管理人員需要嚴格規範會議時間安排、會議程序及固定的會議流程等：

◆ 規範會議時間安排

　　我們不妨以工作時間為早上 8 點到下午 5 點的企業為例，對會議時間安排進行詳細分析。

1. 上午 8 點到 9 點。該時段人們的發言欲望較低，對回應會議提案缺乏足夠的積極性，不適合安排會議。

2. 上午 9 點到 10 點。該時段尤其適合進行一對一會談。

3. 上午 10 點到 12 點或者是下午 1 點到 3 點。該時段人們思維活躍，尤其適合召開群體會議。

4. 3 點到 5 點。該時段人們經過一天的工作後變得疲憊不堪，不適合召開會議。

◆規範會議程序

1. 會議管理人員對所有與會人員的每週工作安排進行分析，並和與會人員交流溝通，最終確定合適的會議時間。

2. 對於時長超過 1 小時的會議，會議管理人員需要整理相關數據、制定會議議程表，並以書面檔案正式通知與會員工。

3. 與會人員要為參加會議做好充分的準備工作。

4. 嚴格按照會議議程安排召開會議，發現新議題後，將其安排到下次會議中。

5. 業務單位負責人對會議能否達成一致有直接責任。

6. 與會人員要遵守會議紀律，不交頭接耳、攻擊他人等。

7. 存在不同意見是很正常的事情，讓與會人員積極發言是確保會議品質的關鍵所在。

8. 會議結束後，與會人員要提交會議報告，會議祕書要將會議紀錄及時發放給與會人員。

9. 與會人員有監督並回饋會議品質的責任。

◆ 規範固定的會議流程

固定的會議流程強調一個中心，兩個基本點。其中「一個中心」是指會議要以議程為中心，在清晰而明確的議程指導下有序進行；「兩個基本點」則分別代表了會前準備和會後追蹤，這兩點是提升會議效率，確保會議決議執行效果的重要保障。

第 7 章

有效陳述觀點

準備工作

在會議期間，參與者要進行面對面的交流互動，身為會議主席，在會議期間要擅於運用如下四種溝通技巧：陳述技巧、發問技巧、傾聽技巧以及答覆技巧。

企業會議的組織與召開能否取得成功，在相當程度上取決於會議主席，而會議陳述是主席一大重任。主席應該力求自己所做的會議陳述發揮如下作用：首先，吸引與會者的注意，提起他們繼續聽取資訊的興趣；其次，使與會者準確而全面地接收資訊；最後，要使與會者認同某種觀點，並使其迅速落實會議決策。誠然，要使會議陳述同時達到這三個目的是存在一定難度的，但仍然有可能實現。為此，主席需要重視提前的準備工作，還要擅於在會議期間靈活使用陳述技巧，並掌握視聽器材的使用方法，懂得如何展示物品。

陳述之前，會議主席要進行充分的準備。如果主席本身能力較好，擁有豐富的經驗，且對陳述主題比較熟悉，其準備工作所需時間相對較短，反之則需拿出大量時間準備。在這個階段，主席需要注重以下準備事項：

（1）了解與會者的相關情況。包括與會者對陳述的主題持有的態度、對主題的熟悉程度、以及當前的主題能在多大程度上吸引他們的注意。

（2）掌握陳述的主題。身為主席，要對主題有著深刻而全面的了解。如此一來，與會者的提問才能得到圓滿的解決，主席的觀點也能夠

獲得他們的認同。

（3）主席要提前設定目標，即透過陳述將何種觀念傳達給與會者，期待聽眾能夠給出什麼樣的回饋，以及自己的觀點能夠對他們產生何種影響。

（4）蒐集那些有助於達到上述目的的數據及資訊，具體形式如個人經驗、轉述的觀點、例子印證、調查結果、理論分析等等。

（5）以時間為參考標準，對蒐集到的資訊進行篩選，找到其中重要性最高、與陳述主題最貼近的資訊。

（6）用視聽器材輔助說明。要知道，與會者在聽取資訊的同時，如果能夠看到相應的圖片，就更容易理解資訊內容。

（7）編訂陳述綱要，作為會議陳述的參考。一般情況下，陳述綱要由引言、本體、結尾部分共同構成。引言的目的是獲取與會者的關注，使與會者明確陳述目的。

引言可以是在會議開端環節，由主席向與會者簡要地說明會議目標、進行方式、對與會者的期待等。引言之後的本體部分，則是依照邏輯程序展開具體內容。「邏輯程序」意即為了便於與會者理解資訊，按照一定的順序，如時間順序、難易程度等等來說明內容，還要總結內容。

（8）會議期間可能用到的視聽裝置，包括投影機、幻燈片、錄音帶、影片等等。

（9）提前進行陳述演練，可以藉助錄音機或錄影裝置，也可以自己設定情景進行演練。

—— 措辭技巧 ——

陳述者自身需具備足夠的熱忱，並對自己的工作感到自信，才能取得良好的結果。為了增強自己的自信心，在做好會議前的準備同時，陳述者還要注重自身的經驗累積。所以，要在平日工作中多加鍛鍊，從容應對各類問題。

為了對自己的陳述保持足夠的熱忱，陳述者應該調整好自己的精神狀態，並注重陳述內容的選取。當陳述者對自己將要陳述的內容表示高度認可，且認為與會者能夠透過資訊接收而獲益時，他就會保持高昂的熱情，並積極投入到自己的工作當中。所以，陳述者需要評估資訊內容的價值，擇優選之。在具體陳述過程中，陳述者還要懂得使用以下幾種技巧：

（1）和與會者進行眼神交流與互動，為此，陳述者應提前熟悉文稿，避免整個陳述過程中都在低頭照念。

（2）在恰當時機進行短暫停頓，引起與會者對陳述內容的深思與聯想。

（3）在實例選擇方面，要選取聽眾容易理解、或者貼近他們日常生活經歷的例子。

（4）陳述者透過調節自己的音調、語氣，或在必要時提升音量加以強調，使得會議陳述變得生動有趣，使與會者的注意力更加集中。

（5）用幽默語言調節氣氛。有的陳述者懂得如何發揮自己的幽默特長來調節氣氛。如果陳述者本身並不具備這樣的性格特點，則無需改

變自己的語言風格。但要避免使用輕佻的語言，以免降低陳述內容的品質。

（6）透過修正自己的行為提升與會者的注意力。陳述者的行為能夠影響與會者，而不同人的行為產生的影響也不同。舉例來說，有的人習慣於在陳述期間來回走動並做手勢，但他的這種行為能夠使與會者的注意力更加集中，而有的人在陳述期間一離開固定位置，就會導致與會者分心；再比如，有的人在陳述期間下意識地擺弄手中的物品，但聽眾並不覺得有什麼不妥，有的陳述者做出類似的行為，則會導致聽眾產生反對意見。為了使與會者將注意力集中到陳述內容上，應該對其看法進行調查，對自己的行為加以修正。另外，要提升陳述內容的品質，以精采的陳述來打動與會者，使他們無暇顧及其他因素。

（7）選用適當的措辭，使與會者能夠順暢地接收陳述者傳達的資訊。

（8）用幻燈片、PPT 等輔助陳述，豐富展示形式內容，進一步提升與會者的注意力。

（9）在陳述過程中加入問句形式，與聽眾進行有效互動，也能提升與會者的注意力。

── 視聽器材的運用以及物品展示 ──

◆ 視聽器材的配合作用

　　如果受眾在聽取資訊的同時，能夠看到相關的圖片或影像數據，就能夠對資訊留下更加深刻的印象。因此，陳述者在會議陳述過程中，要配合使用視聽器材來全面地展示資訊，那些不擅長演講的陳述者更應該注重這一點。視聽器材各式各樣，會議當中使用最頻繁、效果最突出的當屬投影機。在使用投影機的過程中，需要注重如下幾點：

1. 操作者應當保持站立姿勢。這種姿勢有利於操作投影機，同時方便陳述者控制整個現場局面。

2. 在使用投影機的過程中，仍然要保持會場內的亮度，如果將所有燈都關掉，陳述者就只能處於黑暗當中，與會者則會將所有注意力放在投影機上，而不再關注陳述者的行為。

3. 在陳述期間，可以一邊講述資訊內容，一邊在空白投影片上進行圖案繪製，但要避免繪製複雜的圖案，以免浪費過多的時間。這種方法能夠造成強調作用，方便與會者及時記錄下重點資訊，加深印象。

4. 投影片需條理清晰，與資訊陳述的時間順序相一致。

5. 理論層面上來講，每張投影片都應該向與會展示完整的觀念，方便與會者理解與記憶。

◆ 物品的展示技巧

主席在做會議陳述時，有時需要進行物品展示，所以要掌握物品的展示技巧。具體技巧包括六點：

1. 大方地將物品帶到會議室中，並將其擺放到會議桌上，從而引起與會者的關注，為之後的物品展示做鋪陳。

2. 陳述者在進行物品展示之前，不要自己在一邊擺弄，否則會讓與會者對物品展示環節產生急迫感，分散他們的注意力。

3. 在進行物品展示的過程中，要使所有與會人員都能有效地觀察。如果有的與會人員無法看清物品，陳述者則需根據與會者的視角來調整位置，滿足他們的需求。

4. 在進行物品展示的過程中，陳述者要展現出自己對物品的珍視，這樣既能突出物品本身的價值，也能提升與會人員的關注度。

5. 在進行物品展示的過程中，不要將物品傳遞到與會者手中，這樣做雖然能夠讓與會者近距離觀察物品，但其弊大於利，會導致部分與會者聚焦於物品本身而不注重陳述者的內容講述，其他人則急不可耐地等待物品傳遞到自己手中，也無法集中注意力。

6. 在會議召開之前主席需要掌握物品的操作方法，這樣才能在物品展示時為與會者展現良好的示範，否則，會導致與會人員降低對產品的估值，也難以認可會議陳述者的表現。

─── 傾聽與答覆 ───

◆ 會議傾聽要點

　　無論是在人們的日常生活中還是在工作中，傾聽都非常重要，在很多情況下，傾聽的重要性甚至超過發言，但真正意識的這一點且能夠運用到實踐中的人並不多。

　　在會議期間，無論是陳述者還是與會人員，都應該學會傾聽。對陳述者而言，傾聽的重要性尤為突出。但是，不少會議主持人對「傾聽」的理解都不到位，有相當一部分人認為，只要不主動發言就表明他們在傾聽。

　　事實上，這種理解方式並不正確。傾聽需要與會者投入足夠的精力，並及時感知、接收重要資訊。除了眾所周知的「耳到」即用耳朵聽取資訊之外，還要同時發揮其他器官的作用，做到眼到、心到、腦到。具體是指：

☑ 眼到。透過觀察對方的臉部表情、神情、行為、手勢等，更好地接收與判斷資訊。

☑ 心到。能夠從對方的角度出發來考慮問題，想對方所想，更容易理解對方的感受。

☑ 腦到。理性地判斷對方的發言目的，從而知曉對方的談話中是否包涵更深層次的意義。

在會議中，要想準確而全面地獲取資訊，傾聽者就要同步做到耳到、眼到、心到以及腦到，否則，只能獲取部分資訊，而無法保證在會議中不遺漏重要資訊。

會議的參與者需要做到以下三方面：

（1）及時找到問題的焦點

會議期間的問題闡述會涉及許多資訊，與會者要想緊跟問題核心，就要及時找到問題的焦點。

（2）拒絕與鄰座私下溝通

若鄰座的與會人員撇開其他人與你私下交流，為了更好地參與到會議中，建議你繼續集中精力傾聽大家的討論或者主席的發言，表現出自己對待會議的認真態度，從而回絕對方。不過，如果是你的上司或主席有意與你私下溝通，則應抓住機會展示自己的能力。

（3）避免中途離開會議

絕大部分與會者都十分看重會議最終的結果，為此，要避免在會議中途離開。因為在離開會議的間隙，對方可能發表了重要的論點贏得更多優勢。即使在離席後再回到會議室，也可能遺漏掉重要的資訊，錯失發言機會。部分管理者經常在會議中途離開去處理自己的工作任務，這種舉動既有違禮數要求，又會降低參會品質。

◆ 會議答覆要點

有相當一部分會議主持人認為，與會人員在會議期間提出的問題，必須由會議主席給出答覆。事實上，這要視具體情況而定。比如，若與會者提出的問題已經偏離了會議主題，甚至不利於會議目標的達成，主

席當然不必做出回覆。也就是說，主席需要事先分析與會人員提出的問題，並根據分析結果做出正確選擇，對價值量高的問題予以回覆，反之則可忽略。

　　另外，對於與會者提出的問題，除了主席本人之外，其他人也可以答覆。例如，會議現場的與會者可以根據自身經歷給出答覆，發問者本人在提問之後也可能透過自我思考得出問題答案。

━━━ 發問與溝通 ━━━

◆ 發問的目的

　　會議期間，可以透過發問引起討論，為與會者之間的溝通交流提供話題。會議主持人利用發問能夠實現的主要目的包括：

1. 數據獲取。「你能否簡單地向大家描述一下在歐洲市場調查過程中的經歷？」

2. 了解對方的行為目的。「是什麼原因讓你做出了繼續留任當前職位的決定？」

3. 提供數據。「你是否知道員工的子女在接受教育期間可以享受公司的優惠政策？」

4. 調動與會者參與。「你認為剛才我們提出的時間計畫是否合理？」

5. 檢驗自己對對方發言的掌握程度。「我來總結一下你剛才的發言……這樣總結是否能夠準確概括你的觀點？」

6. 引起對話者的思考，獲取他對當前問題的關注。「你認為現階段進行歐洲市場拓展的想法是否存在問題？」

7. 檢驗與會者的意見是否與公司決定相吻合。「公司指定的調薪計畫，在多大程度上符合你的期待？」

8. 重新回到會議主題。「針對公司下一步的市場策略問題，我們引申出了許多相關話題，現在請大家對剛才我發表的策略計畫提出意見。」

◆ 發問時應注意的事項

- ☑ 會議主席應該做好發問前的準備工作。界定發問的範圍及主題，從而提升發問效率，節約時間。

- ☑ 謹慎選擇問句型態，對於開放式問句、探索式問句、澄清式問句可以放心使用，對封閉式問句、含第三者意見的問句，要注重使用的時機與背景，對於強迫式問句、引導式問句、多種式問句，除非有必要，否則不建議使用。

- ☑ 選擇恰當的發問時機。會議主席要觀察對話者的狀態，選擇適當的時機提問。

- ☑ 以正常的對話速度來提問。如果速度過快，會影響被提問者對發問人心態的判斷，產生被催促之感，影響他們的回答；如果速度過慢，則無法引起對方的重視，甚至導致對方產生倦怠心理。

- ☑ 會議主席要減少向特定參與者提問的情況，將問題拋給所有與會者，廣泛調動人們參與的積極性。

- ☑ 如果有必要，主席可向特定與會者提問。要求指定人員予以答覆。這種發問方式的弊端在於，其他與會者無需作答，以旁觀者的態度對待問題。在發問過程中，會議主席需要注意的一點是，應該先指定對方的名字，之後再提問題。這種方式能夠有效吸引對方的注意力，保證他能夠聽清楚問題，從而給出具有針對性的答案。如果主席先提問題再指定某個與會者作答，可能會出現對方因注意力不集中而沒有聽清問題的現象，不僅會導致會場氣氛尷尬，還會浪費會議時間，降低會議效率。

- ☑ 如果問題本身比較敏感，主席應闡述發問原因。理由充足，即便問題敏感，也不會產生負面影響。

☑ 主席要圍繞核心主題進行發問。

☑ 早期應針對廣泛領域發問，後期逐漸轉到特定領域。這種方式能夠提升溝通效率，讓與會者在思考廣泛性問題的同時，在心中思考特定問題。

☑ 參照與會者之前的答覆進行後續的提問。這種提問方式符合與會者的思維邏輯，且能夠向與會者表明，自己的答覆得到了主席的重視，是從精神上對他的認可。

☑ 會議主席提出問題之後，需要給對方留出足夠的思考時間。通常情況下，被提問者在給出答覆之前需要如下思考過程：首先，要準確理解問題的內涵；接下來，要在腦海中構想問題答案；之後，要選擇合適的語言來組織答案；最後，要預測自己的答案會對其他與會者及主席產生怎樣的影響，會不會傷及他人的利益，或者因答案存在明顯漏洞，讓其他人看輕自己。為此，被提問者需要足夠的時間才能做出答覆，會議主席應該考慮到這一點，並給足對方思考的時間，在這期間，為了保持會場氣氛，會議主席不妨把問題主旨標注到黑板上，透過這種方式明確問題，並為對方保留思考時間。

☑ 會議主席要對被提問者給出的答覆給予積極的肯定。為此，主席可透過微笑、點頭等行為或語言方式給予肯定，也可以將對方的主要觀點寫到白板上，表現對其觀點的認可。

── 封閉式以及開放式問句 ──

會議主席要達到發問的目的，就要使用問句型態。問句種類各式各樣，從總體上而言，可以將其分為兩大類：封閉式問句與開放式問句。

（1）封閉式問句

針對特定領域進行發問，擁有相對固定的答覆形式（比如肯定答覆或否定答覆）。具體問句形式如：「你認為這個計畫是否能夠採用？」、「上個月你請過假嗎？」、「是你自己還是在別人的幫助下意識到了這個問題？」等。

發問人使用封閉式問句，能夠以直接方式得到自己想要的資訊內容，對方只需按照要求作答即可，無需加入自己的觀點。不過，這種問句型態在某些情況下會讓對方處於緊張狀態，比如「你是不是沒有準時到達會場？」

（2）開放式問句

發問不針對特定領域，答覆形式也不固定。一般情況下，開放式問句的回答更加複雜一些，對答者需要在獨立思考之後給出答案。比如「你認為應該如何提升自己？」、「按照當前的計畫來執行，你認為會出現什麼結果？」、「你怎麼看待企業今後的策略規劃？」等。

開放式問句對答覆方式沒有特定要求，對答者可以盡情發表自己的意見，發問者也能據此了解對方的感受，獲得更加詳細的資訊。

無論是封閉式問句還是開放式問句，都能夠演化成如下五種形式的問句：

（3）澄清式問句

根據對方的發言進行深入提問，從而獲得更多的相關資訊。比如「你剛才提到能夠保證這個方案具有較強的操作性，是不是說在這之前已經有過類似的實踐案例了？」澄清式問句能夠使雙方在溝通過程中處在同一頻率上，還能進一步了解對方的想法。

（4）探索式問句

根據對方闡述的觀點，要求對方做進一步的解釋或提供例項證明。例如「你已經清晰地表達出了自己的結論，是否能用例項來證明這個結論的正確性？」、「我對你剛才的觀點感到有些困惑，能否更加深入地分析？」這種型態的問句既能表示自己在認真聆聽對方的發言，又能獲得更加具體的資訊內容。

（5）含第三者意見問句

用第三者的觀點來引導當前對話者。比如「張經理十分認同股長發表的這個觀點，對此，你持有怎樣的態度呢？」在問句中提及的第三者，如果本身具有較大的影響力，且在對話者心目中占有重要地位，則會對其觀點產生引導作用。

相反，如果問句中提及的第三者對當前對話者而言比較陌生，或並未收到對話者的敬重，這種提問方式則可能導致對方產生負面情緒。

（6）強迫選擇式問句

發問者會將自己的觀點強加給對方，讓對方在特定範圍之內選擇答案。比如，「你認為是下個月月中還是月底提供上門服務更好一些？」從理論上來說，提問者在提出這個問句之前，應該先徵求對方能夠在下個月為其提供上門服務才對。強迫式選擇問句表現出提問者態度的強硬。

（7）多種式問句

即一個問句中同時包含多個主題。比如，「你可以介紹一下朋友的家庭背景、工作經歷、興趣愛好、性格特點嗎？」如果問句中包含的主題太多，可能超過對方的接收能力。為了解決這個問題，最好將不同的主題單列為不同問句，讓對方逐一作答。

（8）對答案具有暗示性問句

這種問句在提問的同時就向對方暗示了自己期待的答覆。比如，「善良的人都會出資幫助不幸的人，你是否持有同樣的看法？」、「人品好的人都會避免採用魯莽的方式來達到自己的目的，你說對嗎？」這種提問方式幾乎不允許被提問者給出自己預料之外的答案。

── 預防與會者離題或產生爭執 ──

對於會議主席等會議管理者來說，控制會議的最高境界是能夠有效預防會議中的各種問題，並在出現問題時能夠靈活應對。通常來說，對會議控制影響較大的問題主要包括以下幾種：

◆ 與會者離題

(1) 原因

☑ 與會者對會議目標或主題缺乏足夠的了解，而出現離題問題。

☑ 太過關注某一問題，或為了滿足自身在某些方面的迫切需求而離題。

(2) 預防

想要預防這種問題，需要會議管理者在開會前告知與會者此次會議討論的主題。

(3) 補救

☑ 會議管理者要對會議主題有清晰的了解，能夠及時辨別出離題的發言。

☑ 會議管理者為沒能告知與會者會議主題而表達歉意，並藉機詳細介紹會議主題。比如：會議主席可以這樣表述：「因為我沒能將會議主題表達清楚而導致你的發言偏離了主題，我感到非常抱歉，現在請允許我來詳細介紹會議主題……」

☑ 會議主席可以用一定的表達技巧，向發言人提問其發言和會議主題之間的關係，提醒發言人不要繼續討論離題內容。這種表達技巧對措辭、語氣、臉部表情等方面有較高的要求，否則很容易讓發言人認為是在諷刺他。

☑ 透過一定的表達技巧，淡化離題者的發言。比如：會議主席可以這樣表述：「謝謝你剛剛提出了這個重要問題，但它不在我們此次的會議主題之中，對於這個問題，我們可以在下次會議時討論，屆時希望你能提供更多的寶貴意見。」

◆ 與會者分心

（1）原因

☑ 對會議討論的內容缺乏足夠的了解。

☑ 感到有些無聊。

☑ 會議外部環境干擾。

☑ 會議中的內容不能吸引他們的興趣。

☑ 會議中某個議題激發了他們和周邊人的交流欲望等。

（2）預防

☑ 在會議開始前，為與會者提供會議主題相關的數據。

☑ 增加會議的趣味性。

☑ 避開那些人們比較疲勞、浮躁的時間段，選擇相對安靜的場所舉行會議等。

（3）補救

☑ 鼓勵與會者積極發言，邀請那些和周邊人交流的與會者說出自己的想法。

☑ 給與會者一定的休息時間。

☑ 如果僅是少部分與會者出現了分心的情況，會議管理者不需要太過擔心，這是十分正常的事情；如果大部分與會者分心，則應該先暫停會議，解決了讓與會者分心的問題後，再繼續討論。

◆ 與會者爭議

（1）原因

☑ 對會議主題缺乏足夠的了解。

☑ 與會者就會議中討論的某個問題，存在不同的觀點。

☑ 藉著會議的機會向對方表達心中的不滿，甚至在會議上讓對方難堪。

（2）預防

☑ 詳細介紹會議主題。

☑ 在會議開始前，提醒與會者放棄個人成見，對事不對人。

（3）補救

☑ 如果爭論的內容偏離了主題，應該阻止與會者在脫離會議主題的內容上繼續爭論，並再次介紹會議主題。

☑ 當爭論的內容在會議主題內時，可以採用三種處理策略：

A、向爭論者強調對事不對人，將精力放在論點本身方面，而不是發洩情緒。

B、讓未發言的與會者表達意見。

C、由會議主席表達觀點。

第 7 章
有效陳述觀點

◆ 與會者拒絕參與

(1) 原因

1. 怯場。

2. 心理牴觸會議氣氛。

3. 部分與會者的言行讓人反感。

4. 認為會議主題沒有討論的必要。

(2) 預防

1. 打造和諧舒適的會議氛圍。

2. 避免讓表達意見的與會者受到傷害。

3. 優化會議主題，對會議主題進行考核，確保其有討論的必要性。

(3) 補救

1. 如果與會者是因為怯場而不想參加，會議管理者應該幫助其克服心理障礙。

2. 如果與會者認為會議氛圍不佳而不想參加會議，會議管理者應該透過調整會議空間布局等方式改變會場氣氛。

事實上，當會議人數較多時，透過分組討論的方式召開會議，會使與會者拒絕參加會議的問題得到有效解決。會議管理者可以將與會者分成多個討論小組，每個小組的人數最好控制在 6 人以內，選出一個組長來主持討論，並安排一名組員負責記錄討論內容。所有小組討論結束後，讓每個小組選出一位代表向全體與會者報告討論結果。

由於每個小組的人數控制在 6 人以內，與會者怯場的問題可以得到有效解決；因為每個小組都要向所有與會者報告會議情況，出於競爭心理，組內成員會積極討論；每個小組代表在發言時，承擔的心理壓力相對較

小，因為其表達的觀點是組內成員共同討論的結果，是集體智慧的展現。

◆ 與會者情緒變化

（1）原因

1. 會議延長。

2. 與會者臨時有需要處理的事務。

3. 會議討論的內容沒有價值。

（2）預防

1. 嚴格按照會議議程召開會議，不過多占用與會者的時間。

2. 如果因為突發狀況，導致會議不能在預定時間內結束時，要及時通
   知與會者，並表達真誠的歉意。

3. 根據與會者的工作安排，找到合適的會議時間。

4. 確保會議討論內容的必要性。

（3）補救

1. 對於必須延長的會議，可以先結束會議，讓與會者經過一定的休息
   後，再參加會議。

2. 透過轉變節奏、分享一些有趣的故事等，提升與會者的積極性。

◆ 少數人壟斷會議

（1）原因

1. 大部分與會者缺乏發言興趣。

2. 部分人表達欲望強烈，對會議主題有較高的興趣。

3. 少數人喜歡在公開場合自我表現。

（2）預防

- ☑ 會議開始前，鼓勵與會者積極發言。
- ☑ 要求那些喜歡表現自己或對會議主題有較高興趣的人控制自己的發言。
- ☑ 要求所有與會者輪流發言（適用於人數較少的情況）。

（3）補救

1. 能夠運用一定的表達技巧阻止壟斷者繼續發言，比如：會議主席可以這樣表述：「你的寶貴意見我們已經了解了，也明白了你想要表達的觀點，下面我們看看其他人是否存在其他觀點，好嗎？」
2. 讓喜歡壟斷會議的人負責會議紀錄或會場服務等工作。
3. 避開會議壟斷者的視線，從而避免其產生會議管理者對我的發言十分感興趣的想法。

◆ 主席自己離題

（1）原因

1. 會議主席未能準備足夠的數據。
2. 會議主席未能及時意識到與會者的發言離題，從而導致自身的發言也偏離會議主題。

（2）預防

1. 會議主席需要做好充分的準備工作。
2. 對會議主題有較高的敏感度，及時識別離題的發言內容。

（3）補救

1. 讓會議祕書等人隨時監督自己的發言，在自己發言離題時能夠及時制止。
2. 意識到自己的發言離題時，要立即向與會者真誠道地歉，並回到會議主題。

第 8 章

引導達成會議決策

—— 引導程序的方法 ——

　　什麼是「引導會議程序？」即在明確會議目標的基礎上，在會議期間營造有利於會議正常展開、能夠達到會議目標的整體氛圍，熟悉會議議程，避免出現違反既定秩序的現象，並採取有效措施防止其他因素干擾會議的正常進行，促進會議目標的達成。以下是引導會議程序的具體方法：

1. 做好會議之前的準備工作，包括數據蒐集、資訊分析等等，熟悉會議的主題與各項議題，知曉此次會議中有哪些人參加，他們對會議主題會持有怎樣的觀點與態度。

2. 提前確定會議開始與結束時間，避免會議遲開及會議時間延長。

3. 如果會議要持續很長一段時間，可以在中間稍做休息，但要選擇合適的時間點。舉例來說，當與會者積極參與話題討論中時，不宜提出休息，這樣做容易破壞整體氛圍，導致與會者的思路中斷。另外，當某個階段的討論還沒有結束時，也不應建議大家休息。

4. 在會議討論環節，要保證討論內容始終圍繞會議的核心主題，這就要提前明確要求，讓與會者明白什麼內容在允許討論的範圍內，什麼內容不允許在會議期間討論，這樣才能保證討論不會偏離主題，有效提升會議時間的利用率，並促進會議的正常展開。

5. 在恰當的時機，要提醒與會者結束當前的討論，進行有效總結，產生會議決議。該議題討論完成之後，要立即進入到其他議題的討論，不能繼續拖延時間，無限延伸特定議題的討論，因此，會議組織者需要掌控會議議程，不能在得出結論之後又重來。

6. 如果會議議題較多，則需有效安排討論順序。通常而言，那些需要
   進行深度討論與分析的議題，應該被安排到前面，如果在會議接近
   尾聲時才要求與會者展開討論、各抒己見，則難以達到理想的效
   果，無法提升時間利用率。

  無論什麼類別的會議，都要提前制定會議議程，在此基礎上，組織
者要做的就是採用有效措施，使會議按照既定議程進行，保證會議正常
的展開。

── 引導決策的技巧 ──

（1）認真對待與會者的發言，避免在其發言過程中有任何干擾，為與會者提供話題，調動他們參與討論的積極性。當與會者發言時，主持人應該予以積極的回應。例如，與發言者進行眼神交流，或者點頭表示對其觀點的認可。讓與會者看到自己正在集中精力聆聽他的發言，同時對其表示認可，使發言者備受鼓舞，更加自信地闡述自己的觀點，從而調動整個會場的氣氛。

（2）身為會議主持人，要對自己的能力保持自信，能夠正確處理會議期間發生的所有問題，並以真誠的態度向與會者傳達自己的信念與期待。除了會議主持人之外，與會者也要積極配合，使會議能夠正常展開。

（3）會議主持人應該促進與會者之間的順暢溝通，對他們在會議期間的行為表現加以規範，對於那些有利於會議目的達成的與會者，要給予更多的鼓勵，特別是那些性格比較內向、不善言辭的與會者，要鼓勵他們積極表達自己的思想。

（4）對重點問題進行強調，如果問題本身包含許多複雜性因素，則需拆分處理，逐一攻克，直至得出問題的最終結論。

（5）及時進行討論整合。為了在有限的會議時間內達到目的，無論是會議主席還是與會者，都要具備討論整合的能力。否則，當與會者結束對某個議題的討論之後，主持人卻無法對相關討論進行全面而有效總結。這種能力的缺乏，會導致會議議題的討論時間被無限延長，卻無法

根據相關討論產生會議決策。最終會降低會議品質，增加企業的成本消耗，給企業發展帶來負面影響。

（6）靈活運用溝通技巧，在會議期間正確對待他人的反對意見。為了給發言者提供更多的思路，主持人可以委任其中某個參與者，在會議期間擔任「反方」，他的任務是發表不同的看法，幫助發言人及時發現自己的問題，並有所調整。在具體實施過程中，「反方」角色的扮演者需要做好以下幾點：

☑「反方」與會者要從不同於其他人的角度來分析問題，當與會者都表示認同時，「反方」則應提出異議。這樣做是為了讓其他人轉換自己的思維，開拓思路，從不同角度看待問題，而不是干擾會議的正常進行。

☑「反方」需站在相反的立場，這樣做的目的是，當其他與會者發現有人持反對意見後，就會反覆驗證自己的觀點，以確保自己的意見中沒有任何漏洞，提升準確率。

☑「反方」在表達自己的意見之後，有些人會繼續堅持自己的看法，還有人會因此改變自己的立場，這表現出相反意見對與會者產生的影響，會議組織者可以對人們前後的不同表現進行對比分析。

☑ 對先前的觀點及假設提出質疑，在此基礎上進行更加深入的問題分析。舉例來說，當某人提出企業當前發展過程中存在的某個問題之後，是否有證據證明這個問題的存在確實阻礙了企業的發展？如果解決掉這個問題，是否會出現其他更多、更複雜的問題，如果是這種情況，反倒不如維持現狀。即便與會者提出了問題解決方法，是否有證據證明這個方法能夠取得良好的效果？公司之前有無類似經驗？如果這個問題只是表象，真正問題並不在於此呢？這就要對問

題本身進行有效分析。另外，當會議中得出某項決策之後，是否有完善的執行計畫？

「反方」扮演者在會議期間發揮著重要作用。在企業會議中，很多人雖然持有不同於他人的看法，但考慮到發言者是自己的上司，輪到自己表達意見時就會存在顧慮。為了不得罪他人，他們會隱藏自己的真實想法，在其他人表達不同於己的觀點時要麼隨波逐流，要麼保持沉默，認為既然是多數人認同的觀點，就不會出現錯誤。

在這種情況下，「反方」提出者自己的不同看法，能夠鼓勵這些人勇於表達自己的意見，當自己不再是孤身一身，也不怕遭到別人的打壓。因此，「反方」能夠有效提升會議決策的合理性，只要他不是故意與其他人背道而馳，就能給其他與會者帶來積極的影響。這種技巧的運用，能夠有效促進會議的正常展開，推動會議達成最終的目的。

—— 紀錄的方法與要求 ——

　　無論是什麼性質的會議，都應該進行會議紀錄。在會議中做出的決策應該有對應的實施者，明確規定其執行任務和具體時間，這些都應記錄在會議紀錄中，防止各個部門及員工間推卸責任，導致決策無法落實。通常情況下，在會議結束的兩到三天後，應將會議紀錄發放到參與人員手中，讓他們以會議紀錄為參考承擔自己的責任。

　　很多企業會明確要求，舉行的會議必須有正式的會議紀錄，甚至要求逐字逐句地記錄會議中所有發言及流程。即便是一些簡短的臨時性會議，也要求與會人員進行簡單的記錄。會議紀錄中，需要重點記錄會議決議、制定的措施、部門及個人需要承擔的職責、專案進度等。

　　這絕不是官僚主義，做好會議紀錄對於會議決策能夠得到真正執行具有十分積極的影響。對於個人而言，做會議紀錄能夠幫助其提升工作效率，一方面讓他們有更多的精力可以用來記憶其他更為重要的事情；另一方面，也能讓他們分清主次，明確在決議執行過程中所扮演的角色。

　　從會議控制的角度來說，除了會議主持人之外，最為重要的當屬會議紀錄人。優秀的會議紀錄人，能夠有效加快會議討論程序，失敗的會議紀錄人則無法準確記錄下與會者的觀點，可能將不同人的意見混淆，導致意見方提出質疑，增加時間成本，不利於會議決策的制定。

　　優秀的會議紀錄人既能認真對待與會者的發言，又能準確感知其發

言中的關鍵點，用簡潔的語言對其觀點進行準確概括，在其他人在看到
這份記錄之後，能夠回憶起具體的發言內容，而不會出現錯誤。

因此，會議組織者要充分了解會議紀錄人的重要性，選擇合適的人
來負責這項工作。在具體選擇過程中應該注重哪些方面呢？一方面，要
判斷備選人的表述、傾聽及溝通能力；另外，紀錄人需要具備足夠的資
訊整合、分析及組織能力。審慎的選擇能夠確保紀錄人在會議期間擔負
其自己的責任，推動會議的正常展開，進而提升會議效率。

會議期間，會議紀錄人員應該引導與會者的行為，使會議按照事先
制定的議程來展開。舉例來說，當紀錄人憑藉自己的經驗及能力發現，
某個議題已經形成了最終的結論，但與會者仍然在進行討論時，他會進
行適當地提醒，希望與會者進行總結之後再繼續討論，意即這個提議
已經完成了，不必過度糾結其中的某些細節，而應該轉向其他議題的
討論。

當與會者發表自己的意見後，紀錄人員可以重複其意見，並詢問他
「你是這個意見的發表人對嗎？」這時候，被詢問的與會者就會考慮自己
剛才的發言，有可能會就此展開深度分析。由此可見，紀錄人確實在會
議期間擔任重要角色。

◆ 會議紀錄人員的工作職責

1. 提前做好有關會議紀錄的準備工作。會議紀錄人員要在會議展開過
   程中進行重要資訊的記錄，在主持人進行會議安排時還要盡力配
   合。對於重要會議的記錄，是針對會議程序的原始記錄，其價值顯
   而易見的，具有法律約束力，企業對此類紀錄的要求也比較高，紀
   錄人員需確保其資訊記錄的全面性、準確性，還要邏輯清晰，為

此,紀錄人員需要提前做好準備,包括對紙、筆等基礎資源的準備,以及對錄音裝置(比如錄音機、錄音筆)的準備。此為會議前的準備階段。

2. 會議紀錄具體包括哪些內容?一方面是對會議的說明,包括會議類別、會議題目、會議議題、主席擔任人,以及會議的時間與地點;另一方面,要按照順序,先記錄會議主席,再記錄其他與會者,最後寫下紀錄人。

3. 要記錄整個會議過程,如果前後兩次會議是承接的,則需回顧前一次會議的紀錄,並確認之前沒有解決的問題。在會議期間,要記錄會議決議、發言人的關鍵詞及其他重要資訊,還要以時間為標準記錄會議議程,並標注下一次會議召開的時間。

4. 會議紀錄完成後,紀錄人及會議主席需要簽字確認。

◆ 會議紀錄的方法

會議紀錄的方法包括如下幾種:

1. 抓住重點,將會議討論過程中產生的結論、會議決策、決定、重要觀點以及會議期間強調的宣告進行完整記錄,對於發言人的發言,則可概括性總結,不必逐字逐句地記錄。

2. 如果在記錄過程中出現遺漏,可以在會議結束之後根據錄音內容補齊,或者在會議期間向主持人請示,要求發言人再次強調自己的觀點。不過,這種方式不能經常使用,唯有當發言人所說的內容比較重要,紀錄人員需要進行完整記錄,否則會影響會議紀錄的整體品質時,才可以採用上述措施,否則,紀錄人員應該採取其他辦法,比如在會議後向發言人請教等方式來補齊遺漏的內容。

3. 在記錄發言觀點、意見類內容時，需要標注發言人的名字，避免到後期混淆。

◆ 會議紀錄的要求

紀錄人員還要了解會議紀錄的要求，具體要求主要包括如下四點：

1. 真實性要求。上文中已經提到，正式的會議紀錄具備法律約束力，這就要求紀錄內容客觀準確，遵循真實性原則。紀錄人與會議主席簽名確認之後，代表著會議紀錄已經完成，其內容不能更改也不能替換。

2. 完整性要求。紀錄人員要對整個會議期間經歷的各個環節進行完整記錄，避免出現中間環節的疏漏。

3. 簡明扼要。會議紀錄與具體報告是存在區別的，紀錄人員應該以簡潔的方式來記錄整個會議的程序及會議中產生的重要內容，方便其他人查詢與瀏覽。

4. 記錄精準。會議紀錄不僅要思維清晰，還要確保內容的準確性，否則容易導致閱讀者的理解出現偏差，干擾企業的正常工作。

如果忽視會議紀錄，即便在會議中達成一致，會議結束，與會者仍然對會議決議感到模糊，也不明確自己應該付諸怎樣的行動，對於應該與哪些部門進行合作，更是知之甚少。為了解決這個問題，會議紀錄是不可少的，會議進行完畢，要由專業人員總結會議，明確會議中做出的決策，並印成正式資料發放到參與者手中，讓每個人都清楚自己負責的事宜，並對其執行情況實行監督。

── 有效的就議題達成一致 ──

◆ 議題無法達成一致的原因

通常來說，造成議題無法達成一致的原因主要表現為「會而不議」、「議而不決」、「決而不行」。那麼如何有效解決這三個問題呢？簡單來說，就是開會前做好充分準備後再進行討論；在充分聽取各方意見的基礎上做出決策；選擇合適的時機後再執行會議做出的決策。具體分析如下：

(1) 如何解決「會而不議」的問題？

會議開始之前，會議組織方以及各個參與人員要做好充分的準備工作，明確會議要討論的重點內容，並蒐集相關的數據、圖表等，針對要解決的問題制定幾套解決方案。這樣在開會過程中，才能更加高效地完成會議目標。如果沒有充分的準備工作，到了開會時，直接讓與會人員提出意見與建議，必定要耗費大量的時間成本，而且因為缺乏有效的數據，最終制定出的方案恐怕也會存在各式各樣的問題。

(2) 如何解決「議而不決」的問題？

與會人員來自不同的部門甚至不同的企業，會議主持方應該客觀公正，盡量保持中立，讓各個參與人員都能充分表達自己的意見，這樣制定出來的決策也將更為全面、更加合理。只有充分尊重與會人員的意見，才能營造出良好的溝通氛圍，避免因為主持人直接反駁某位發言人的意見，而導致其信心受挫，甚至其他人發言時都會畏首畏尾。

（3）如何解決「決而不行」的問題？

會議制定出了決策後，如果直接實施，其反對人員可能會消極懈怠，為決策執行帶來較大阻力，而如果在實施前，和反對方進行交流溝通，取得其認可，執行效率無疑會大幅度提升。

◆ 議題達成的四個階段

低效會議無法達到預期成果，甚至多此一舉，白白浪費資源和精力。通常來看，一個會議要圍繞議題達成明確結論，大致包括以下四步：

（1）導入議題

即在正式開始討論議題之前，首先充分明確地說明議題的重要性以及要達成的結論，讓每個與會者都深刻認知到議題內容與自身的緊密關聯，從而願意積極參與到之後的議題討論。

（2）充分發言

會議主持要對議題討論有一個整體掌控，透過指名提問、交替發問、面對所有與會者的提問等多種方式引導每個與會者充分發言，透過不同觀點、思想的碰撞獲得眾多解決方案。之後，對所有方案進一步討論篩選，剔除沒有操作性、可行性或離題的意見，然後再讓與會人員對餘下的可行性意見進行評估，選出大家一致接受、最能實現議題目標的方案。

（3）確定責任人

會議不僅要得出明確的結論，還必須確定由誰去具體負責和執行操作。即會議中的每個結論都必須有明確的責任人，確定什麼時候完成、

什麼時候以及由誰負責督促檢查等，如此才能保證會議結論不會只停留在紙上，而是真正被貫徹落實。

（4）做好會議追蹤工作

開會時應做好會議紀要，會後根據紀要內容制定會議行動追蹤表，對會議各項決議的執行情況進行必要追蹤，並將決議內容的讓與會人員簽名等歸檔儲存。

會議之後，會議主席需梳理成果，並在會議中明確任務分配，將各項會議決策落實到具體的部門及負責執行的員工。會議之後，紀錄人員需整理歸納會議內容，並將會議紀錄交到與會者手中。另外，要安排相關人員對會議結果的執行情況進行監督，可以是會議發起者，也可以是最高管理層人員。

會議已經成為現代企業管理溝通的重要手段，成功的會議能夠使企業從制定決策、建設內部文化及實際執行等環節中獲益。為了切實提升會議效率，管理者需要做好會前準備，明確會議目標，做好角色抉擇，選擇適宜的時間，並做好會後的總結與監督工作。

—— 如何處理無法達成一致的議題？ ——

在很多情況下，會議本身涉及許多複雜性因素，企業要想只召開一場會議就產生最終的決議，恐怕比較困難。因此，會議中經常會出現的問題是，儘管與會者積極參與討論，但仍然無法產生有效的會議決議，在這種情況下，如果盲目延長會議討論時間，會使與會人員產生倦怠情緒，並對會議產生抱怨。

那麼，透過何種方式才能達成會議最終的決議呢？這是會議主席十分關注的問題。在這裡，我們提供了以下幾種在企業中比較常見的會議決策方式，供會議主席進行參考：

◆ 權威式的決議

與其他幾種會議決策方式相比，權威式決議方式的應用更加普遍。所謂「權威式的決議」，是指由會議中威望最高、影響力最大的人拍板決定，通常情況下，會議主席會扮演這樣的角色。相比之下，其他與會人員在決議產生過程中發揮的作用就比較少。權威式決議的優勢在於，能夠在短時間內產生會議決議，提升會議效率，減少時間浪費。這種會議決策方式也存在弊端，主要表現在與會者發揮的作用不大，會降低他們參與的積極性。在與會者看來，因為會議決議是由主席一個人決定的，自己無法參與其中，只要按照主席的意見來執行即可，自己無需投入過多的精力。

◆ 少數服從多數式的決議

少數服從多數的決策方式被廣泛應用於員工層級，舉手表決或投票都為其具體表現形式，超過一半以上則認可該決議，其他人也必須執行。這種決議方式的優勢在於，全體人員人員都能夠參與其中。

◆ 強勢少數式的決議

儘管會議倡導在制定決議的過程中，要遵循少數服從多數的原則，但在某些情況下，少數人的團隊掌控著大局，如果這個小團體依附於會議主席，這種情況就表現得更為突出。不過，小團體通常是做了充足的準備工作來的，能夠找到權威性的數據來證明自身觀點的正確性，使得其他與會者心服口服，因此，他們能夠依據可靠資訊得出更加科學、合理的結論，並獲得其他人的認可與支持。這種會議決策方式的優勢在於，能夠提供完善的方案並得到與會者的一致認可，其不足之處則在於，方案未經過具體的討論與分析，不排除其中存在一些細節上的問題。當方案中的問題顯露出來後，大家就會將責任歸咎於這個少數人組成的小團體，會議主席同樣需要接受其他人的指責。

◆ 無異議一致通過式的決議

採用這種方式進行會議決策，是指會議決議成形之後，要求所有與會者都認可該決議，否則就無法通過決議。從企業發展的角度來分析，當公司領導層提出某項重要決策之後，應盡量爭取每個人都認同這項決策再去執行。這樣做能夠有效提升決策的正確率，減少企業在今後發展過程中出現問題的可能性，也不會使責任人背負太大的壓力。這種決策方式即為「無異議一致通過式」，其不足之處在於，為了使所有人都認可

某項決議，必須拿出大量時間與其他人溝通，得到他們的認可。

事實上，政治會議對這種決策方式的應用比較多，尤其是關乎國家間利益的問題。舉例來說，聯合國設有五大常任理事國，聯合國安理會做出的決議，需要經過五個國家的同意才能執行。歐盟委員會同樣採用「無異議一致通過」的方式，在決策制定過程中，無論是哪個國家提出異議，都會導致決策失敗。

當企業在會議期間長時間得不出最終決議時，可根據會議的具體情況來選擇適當的方式，促進會議的達成，提升會議效率，實現會議目的。

會議主席掌握會議方向

對於一場會議來說，會議主席是靈魂人物。一名優秀的會議主席要能控制好會議方向，引導與會人員互動交流，刺激與會人員思考等等。具體來說，一名成功的會議主席要能夠靈活運用主持能力，做好以下工作。

◆ 強化對會議的掌控能力

在會議召開期間，主席負責掌控整體會議，其首要任務是對會議目標有著清晰的定位，不僅如此，還要使所有參與者明確會議目標。如果會議缺乏清晰的目標，就容易在討論環節偏離會議主題，導致會議召開與預期效果相差甚遠。所以，主席需在必要時進行提醒，保證會議使圍繞核心主題進行的。

另外，主席還要掌握會議進度，使會議在規定時間內完成，舉例來說，某會議計畫時間為 1 個小時，那麼，主席需要使會議在 1 個小時之內完成，如若不然，容易導致出席人員覺得會議拖沓，在時間上的放鬆會致使參與者產生懈怠心理，不僅如此，這些參與者對之後的會議也會忽視時間限制。

除此之外，通常情況下，會議主席是其他參與者的上級主管，參與者會礙於職位等級而在發言時比較拘謹，為了解決這個問題，主席需要營造寬鬆、開放的交流環境。

會議主席應該靈活處理會議中出現的問題，舉例來說，當討論雙方各執一詞，互不妥協時，在時間允許的前提下，應該以共同目的為切入

點，並對不同意見進行理性分析與總結，致力於雙方就該問題達成一致；
若時間不允許，就將這類問題擱置，進入到其他問題的溝通環節。

◆ 營造寬鬆和諧的會議氣氛

如果會議氣氛比較緊張、嚴肅，與會人員也會緊張，難以做到暢所
欲言。所以，為了鼓勵與會人員發言，會議主席要少講話，更不能表明
自己的意見傾向。除此之外，會議主席還要營造一種寬鬆和諧的會議氣
氛，鼓勵與會人員表述自己的觀點與看法。

為了做到這一點，會議主席要秉持中立態度，站在客觀的角度引導
與會人員就某個觀點展開討論，避免出現人與人之間的紛爭。另外，如
果與會人員的言辭帶有批評色彩，會議主席要保持平和心態，切忌接話
反擊，以維持會議和諧的氣氛。

◆ 嚴格遵照會議議程

會議主席要嚴格按照議程來召開會議，因為會議議程能讓與會者對
要討論的問題做好心理準備；還能在某個階段流程結束時對其檢查，以
免出現遺漏。除此之外，還能讓與會者確認會議流程，以免討論失控，
偏離主題。為此，在會議召開之前，會議主席要精心設計會議議程表，
以免出現失誤。

◆ 正確總結討論內容

為了引導會議按照既定流程與方向展開，會議主席要在某個階段的
討論結束時做一下總結，然後再開始下一個階段的討論，以免有用的觀
點與意見被忽略。

◆引導發言者對難以理解的發言做出解釋

有些發言者喜歡在發言的過程中使用一些專有名詞，有的發言者表達能力較差，其發言內容往往難以理解。在這種情況下，與會者經常會透過臆想對其進行解釋，使得發言內容被曲解。為了避免這種情況出現，會議主席要及時讓發言者解惑，引導其將觀點明確地表述出來，以免產生誤解。

◆減少與議題無關的爭論

在會議召開的過程中，發言者為了證明自己觀點的正確性，贏得他人的認可，在其他與會者提出質疑時往往會表現得非常情緒化，引發不必要的爭論。如果爭論沒有偏離議題，會議主席可鼓勵他們爭論下去，以獲取意想不到的討論結果；如果爭論已偏離議題，會議主席就要及時打斷，明確告知他們這種爭論與議題無關，將會議引回正途。

◆準時開會，按時結束

為了保證會議效率，會議主席要引導會議按時召開，即便與會者沒有到齊，會議主席也要按時宣布會議開始。另外，會議主席不僅要引導會議按時召開，還要按時結束會議，以取得與會人員的信任。如果會議主席能將準時開會、按時結束的習慣保持下去，執行者就會按時完成討論議案，其效率自然而然地就會提升。

——— 麥肯錫會議管理 ———

◆ 確定會議議題及時間分配

細化會議議題，明確需要開設幾項會議以及每項會議的議題，並確保會議議題與會議目的有較高的契合度。在設計會議議題的過程中，需要注意兩點：

1. 從會議目的出發設計會議議題，並根據這個議題確認會議準備工作，確保會議是真正為了解決會議目標，並按照既定程序進行。為此，會議組織方需要理清會議目的，了解實現該目的所面臨的困難，思考有效解決方案。經過這一系列思考後，才能設計出科學合理的會議議題。

2. 能夠解決問題。想要透過會議解決問題，首先要明確問題，這是會議能否得以圓滿結束的重要基礎。

會議組織方需要用足夠的時間與精力分析問題，從中找出會議過程中需要與會人員討論的重點內容，並為此做好充分準備，以便在會議過程中能夠有效引導會議進行，確保會議朝著既定軌跡進行，最終實現預期目標。

◆ 有效分解會議議題的主要流程

在會議開始前，對問題進行明確並有效分解，是一個頗為困難的事情。會議組織方可以借鑑全球知名策略諮商機構麥肯錫所採用的方案：

在舉行會議時，麥肯錫會按照以下七個步驟進行：

1. 分析問題，思考會議要討論的問題是什麼，該問題有何種特徵。
2. 細分問題，使較為廣泛籠統的問題轉化為多個清晰明確的子問題，從而讓會議人員在討論時能夠更為方便地理解問題。
3. 排序這些細分問題的重要性，畢竟會議時間相對有限，不能在次要問題上浪費較多的時間。會議議題通常就是根據那些最為重要的問題制定的。
4. 在會議開始前，通知與會人員了解會議議題並進行一定的準備工作。
5. 在會議過程中，按照重要程度依次分析會議的各項議題，引導與會議人員討論。
6. 總結會議得出的結果，達成會議共識，並將其落實為書面檔案。
7. 由會議組織代表向與會人員闡述會議結論，確認所有參與者理解這些結論。

◆ 會議議題設計的三個步驟

上述 7 步中的前三個步驟便屬於會議議題準備階段，而會議議題設計通常包括以下幾步：

(1) 界定問題

首先我們應該明白何為商業問題，有些問題並不值得開會討論。具體而言，商業問題通常具有以下四點特徵：

☑ 問題是具體而明確的，而不是模糊不清。
☑ 問題包含有價值的內容，而不是單純地陳述事實或一致的結論。

☑ 問題能夠透過採取具體行動將其解決。

☑ 問題以管理者下一步要進行的工作內容為重點,並符合其主張。

例子 1:企業因為組織各部門各自為戰,存在嚴重的溝通壁壘,而導致企業效率低下,在市場競爭中極為被動。這並非是真正的商業問題,它只不過在闡述事實,即企業各部門各自為戰、效率低下、缺乏外部競爭力。

例子 2:企業需要控制管理及營運成本。這也不是一個真正的商業問題,它是一個所有企業都應該努力的方向。

例子 3:企業是否可以透過變革組織結構來控制管理及營運成本?這也不是一個真正的商業問題,它太過模糊,不具備討論價值。

例子 4:企業需要採用哪種方式來控制管理及營運成本?是打破部門之間的溝通壁壘?還是對基層員工進行有效授權?如果選擇前者,需要做出哪些改變?如果選擇後者,又如何在確保有效授權的同時,對員工進行科學監督?這就是一個真正的商業問題,這個問題同時符合清晰明確、有價值的內容、能夠透過具體行動解決、符合管理者的主張四點,該問題有較高的討論價值,並且能夠從中找到會議議題。

(2)分解問題

界定問題完成後,企業還需要分解問題,並確保問題都能得到進一步細化。

(3)優先排序,去掉所有非關鍵問題

問題分解完成後,就要找到其中的重點問題,因為有些子問題無需透過會議討論,交由相應的個體或部門就可輕鬆解決。確定重點問題時,需要對問題進行排序,排序應該考慮以下四點:

☑ 從企業長期發展的角度確定議題的優先順序。

☑ 邀請有經驗的組織成員參與其中。

☑ 無需太過側重細節，有些議題很難給出明確的排序，在整體上判斷
其是否有開會的必要性即可。

☑ 根據組織內部及外部變化，隨時調整排序順序。

　　會議議題確定工作結束後，還要明確議題的時間，比如：會議整體
時長、各個議題的討論時間、會議休息時間等。

——「腦力激盪法」（Brain-storming）——

在會議期間使用腦力激盪法（Brain-storming）能夠促進決議的制定，具體是指發揮與會者的創意思維，將多樣化的問題解決方案鋪展開來，最終得出有效的會議決議，其具體實施過程如下：

圖 8-3 「腦力激盪法」的實施步驟

◆ 發表各自觀點

腦力激盪法的獨特之處在於，每一個與會者都能夠自由地表達自己的看法，而不必考慮其他因素。在具體實施過程中，會議主席宣布要討論的議題，接下來，所有人都會進行思考，只要產生相關的想法，就可以大膽表達出來，而不用對觀點的正確與否進行考量，也不用在乎其他人的眼光。

腦力激盪法的優勢在於，能夠激發與會人員的創意思維能力，讓所有與會者自由表達，從中發現精采的論點、優秀的創意想法。不僅如此，在與會者發言的過程中，其他人無權評判其觀點，要讓發言人完整

地表達自己的想法與觀點，不能表示質疑或指出其中存在的問題。另外，有的與會者在聽取其他人發言的基礎上，會結合自己的想法，得出新的創意，也可以在會議中進行分享。透過彼此之間的溝通與互動，與會者之間的思維碰撞可能會產生更多靈感，為問題的解決提供更多創意想法，促進會議決議的產生。

◆ 記錄所有的觀點

在與會者自由發言的過程中，要完整地記錄他表達的觀點。紀錄人員需要做到的是，務必將發言人的觀點、主要發言內容及關鍵詞等進行記錄。可以用概括性語言來總結，但是要將所有發言者的觀點都完整記錄，切忌根據自己的主觀判斷捨棄自己認為無用的觀點，也不能以偏概全，只摘取部分資訊。為此，要選用有能力的人擔任會議紀錄者，確保資訊的完整性。

◆ 評估觀點

在完成觀點紀錄工作之後，接下來要做的是觀點評估。當全體與會人員使用腦力激盪法表達意見之後，會得出許多與會議議題相關的觀點，要在評估的基礎上來有效篩選。評估工作可以交給會議成員，也可以交給專家，可根據會議的具體情況及條件來選擇。透過評估與會者發表的觀點，可以找到不同觀點之間存在的共同之處，並將類似的觀點歸納為一個。另外，透過判斷不同觀點的價值，找出其中操作難度大、無法付諸實踐的想法並排除，最終剩下可行性強、易於操作的觀點，繼續進行篩選。

在會議期間採用腦力激盪法，可以充分激發與會者的創意思維，產生更多優秀的方案。但這種方式通常需要與會人員付出足夠的時間與精力。

——「德爾菲法」（Delphi method）——

如何來理解德爾菲法（Delphi method）？德爾菲法又被成為「函詢調查法」，這種方法比較適用於包含預測類、評估類問題的會議，會議主持人可以利用德爾菲法的程序，促進會議決議的產生，提升會議效率，進而達到會議目的。德爾菲法也被稱為「專家預測法」，因為這種方法具有明顯的預測性質，組織者會針對特定的問題，向不同的專家徵求意見，最終得出一致的結論。

匿名性是這種方法的顯著特徵，意即同一場會議中的與會者不能與其他人交流，彼此之間也可能並不認識。在具體實施過程中，與會者需要獨立進行判斷，但他們並非只侷限於自身的觀點，在這個過程中，會議組織者會為其提供背景資料，並將不同的意見以回饋方式再次提供給與會者，以這種方式進行多次意見綜合，直到與會者的意見趨同，最終得出一致的結論。

◆ 德爾菲法具體步驟

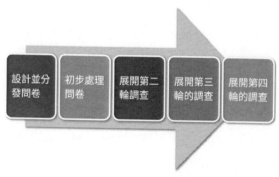

設計並分發問卷　初步處理問卷　展開第二輪調查　展開第三輪的調查　展開第四輪的調查

圖 8-4 「德爾菲法」的實施步驟

（1）設計並分發問卷

問卷設計過程中涉及許多因素，其中，問題的選擇就十分關鍵，與會者會根據問卷提供的問題來思考並發表自己的意見。問卷設計完成後要進行問卷分發，將其交到相關與會人員的手中，要求他們以匿名方式、獨立進行問卷作答。

（2）初步處理問卷

與會者完成問卷作答之後，要回收問卷，並整理與會者發表的意見，剔除其中不符合要求或是另類的觀點，接下來綜合整理，歸納其中的相同意見，找出其中的不同意見，並據此設計下一輪的問卷調查表。

（3）展開第二輪調查

第一輪調查之後，要處理問卷調查表，之後再展開第二輪調查。具體而言，要在第一輪調查的基礎上重新設計問卷調查表，並發放給參加第一輪調查的所有與會者，同時為他們提供背景數據，要求與會人員參考組織者提供的數據，再次給出自己的意見，以同樣的方式匿名參與第二輪調查，在這個過程中，每一位與會者都應該清楚自己在上一輪調查中發表的意見。

（4）展開第三輪的調查

像上文中提到的方法一樣，這個環節仍然要回收上一輪的問卷調查表，處理問捲與綜合分析，並設計第三輪問卷調查表。

（5）展開第四輪的調查

在做完前三輪調查之後，要展開第四輪調查，在這個環節，與會人員要根據新的數據、新的資訊發表自己的觀點，給出自己的最終意見，

以匿名方式進行作答。作答結束後，組織者仍需回收問卷調查表，由會議主席處理問卷調查表。當第四輪調查的結果出來之後，各個與會者的意見趨於統一，則表明調查完成，經過這四輪調查之後，與會人員得出的共識，即為會議最終的決議。反之，要是經過四輪調查之後，不同與會者仍然持有不同意見，且彼此之間的意見差距較大，則仍需繼續展開下一輪的調查，也就是第五輪，第六輪的調查，如此反覆，直到與會者的意見趨於統一，整個調查才算完成，其最終的意見也就是會議的決議。

◆ 使用德爾菲法需注意的問題

在實施德爾菲法的過程中，要注意以下兩點：

1. 每輪調查結束之後，會議主席都要回收問卷調查表並分析整理，還要徵求與會者的意見，不管是在什麼情況下，分析問卷時，會議主席要提醒自己保持客觀的態度，不能加入自己的主觀想法，而應充分尊重與會者的意見。

2. 要合理設定問卷調查表中的問題數量，保證與會者的作答時間不會超過兩個小時，若問題數量超出合理範圍，與會者需花費大量時間作答，可能在作答過程中產生負面情緒，影響最終的結果品質，不能客觀反映自己的意見。

如果會議期間遲遲得不出最終的結論，則需採取有效措施促進會議決議的達成，上文中總結的一些方法可供企業根據自身情況及會議期間遇到的具體問題來合理選擇。

第 9 章

控管會議衝突

═══ 會前規範與準備 ═══

在現代社會，會議無處不在。雖然高效率的會議能為各種問題提出有效的解決方案，但在現實生活中，很多會議的效率都非常低。據調查，當今會議普遍存在十大問題，分別是會議內容偏離主題，與會人員閒聊；會議沒有結論；會議沒有目標、沒有議案；會議召開時間過長；會議過程失控；與會人員心不在焉；與會人員沒有做好準備；開會數據過多且過於零散；會議過程受到的內部干擾或外部干擾過多；上司一言堂。

簡單來說就是，在當今社會，很多人將很多時間與精力放在了無效率的會議上，在這些問題的影響下，會議效率過於低下。面對這些問題，如何做好會議管理，降低會議成本，提升會議效率，創造一個高效率的會議是急待解決的難題。

對企業而言，會議是一種十分重要的管理工具，是與會人員進行交流溝通的有效管道，它能夠讓與會人員分享資訊、集思廣益、制定策略決策，推動企業持續穩定的不斷發展。由於會議目的的差異，會議形式也會有所不同，常見的會議主要有以下幾種：

1. 生產經營協調會議。這種會議的目的主要是為了解決企業生產經營過程中出現的各種問題。

2. 經濟活動分析會議。這種會議是對企業一定時間內所取得的收益進行分析，找到生產經營活動中的不足，並不斷優化調整，從而有效提升自身的價值創造能力。

3. 產銷會議。這種會議的目的是為了更好地控制生產與銷售之間的平衡。

4. 績效會議。這種會議主要是對企業一定時間內（比如一個月、一個季度、一年等）取得的業績進行研究討論。

　　除了這四種會議外，企業也會針對某些專案展開專項會議。當然，還有部分和其他企業共同參加的外部會議，在市場競爭越來越激烈的背景下，會議管理在企業發展過程中發揮的作用已經被提升到了新的高度。

　　但在企業實際發展過程中，往往因為很多決策性會議效率低下，導致一些專案未能如期完成，甚至使企業錯過了切入某一新興市場的重大發展機遇。我們在研究一些成就偉大的百年企業的案例時，總是能夠發現它們在提升會議效率，尤其是決策性會議效率方面有著以下共同點：

　　對於決策性會議，企業需要制定完善的會議準則，明確議事範圍、議事流程、分期處理方案等，並將會議準則新增到企業的制度規範中，確保會議有科學的制度基礎。在會議舉辦前，應該做好充分的會議準備工作：

（1）會議主持人

　　在會議召開之前，主持人要就會議主題、會議要達成的目標、會議規模、與會人員、發言人員、會議時長、會議流程等問題與上級商議，並在開會之前向每一個與會人員下發通知，保證其能夠準時參加會議。

（2）與會人員

　　在會議開始之前，與會人員要做一系列的準備工作，比如明確並牢記會議時間、地點；明確自己的會議職責；明確自己所負責的議題，對

其進行充分了解，蒐集、準備足夠的數據以便提供給其他與會者使用。

在會議召開的過程中，與會者要主動發表意見，為某個議題貢獻自己的想法，除非該與會者已經被指定為某議題的發言人。如果在會議召開的過程中與會者不能積極發言，不能為某議題貢獻建設性的意見，就有可能被認定為不合格。

（3）議題稽核和確認

篩選會議備選議題，確認會議應該討論哪些議題，並將篩選結果及時告知給相關部門，以便各部門能夠達成意見一致，避免因為缺乏有效溝通，導致開會過程中發生各種爭執。

（4）準備充分的資料

針對會議要討論的議題準備相應的資料，資料應該包含三個方面的內容：其一是研究討論會議議題的必要性或者是它能夠為企業創造的價值；其二是企業相關部門蒐集整理出來的與議題相關的資料、數據等，以便為會議制定決策提供有效支撐；其三是明確會議需要解決的問題，制定何種解決方案等。

（5）提前通知

會議組織人員需要提前通知各個與會人員，確保他們能夠協調時間、準備參加會議的資料等。一般說來，會議組織方需要提前兩天通知與會人員，對於那些跨部門或者是外部會議，還要發出正式的「會議通知」，內容需要說明會議舉辦的時間、地點、會議流程、各個參與單位等。對於例會，張貼公告或者使用社交媒體、電子郵件等通知各個參與人員即可，出現變動時，要及時和相關人員進行溝通。

（6）確定會場管理人員

會議組織方需要明確會場管理人員，可以一人擔任多個職位。會場管理需有會議主席、會議主持人、會議紀錄人、會議決議監督人、會議計時人等，下面對其主要職責進行具體分析：

1. 會議主席。會議主席是會議的最高級管理者，他負責組織會議的決策團隊，對方案進行研究討論，並制定決策。如果無法形成決策，就要確定下一步的決策及流程，避免議而不決。
2. 會議主持人。會議主持人需要有效引導會議進行，在合適的時機提醒與會人員注意發言時間、遵守會場紀律，提醒會議主席及決策團隊做出決策。
3. 會議紀錄人。負責記錄會議內容，如果因為時間緊張未能及時記錄某些重要資訊，在會議結束後，應該和相關人員溝通，確保會議紀錄的全面性及準確性。
4. 會議決議監督人。根據最終制定出的會議決策，監督各部門的執行情況，引導各部門及相應人員執行會議決策。
5. 會議計時人。根據制定的會議流程來管理會議時間，提醒會議主持人控制會議時間，避免在某個議題上浪費過多的時間。

（7）前期會議監督

會議監督部門需要掌握前期會議決議事項的執行情況，及時通知會議組織人員，確保各項決議事項能夠得到有效處理。

（8）會前的各項會務準備

會議舉辦前要查核會場話筒、投影機、座次安排等各項會務準備工作。

—— 會中控制，決議實施 ——

完成會議準備工作後，還要有效地控制會議過程。具體來看，會中控制工作的內容主要包括以下幾個方面：

◆ 制定並督促與會人員遵守會議

各個與會人員需要準時參加會議，因為突發事件導致無法參加會議時，要和其所在部門管理者溝通，委派其他人員參加會議；沒有特殊情況，會議舉辦過程中各與會人員不得中途離開，遇到突發狀況時，要向會議主席及時請示；各與會人員要遵守會場紀律，認真聽取會議發言或者參與討論；禁止玩手機，手機要設定成靜音或震動狀態，需要接聽時，應該到會場外處理，避免妨礙會議秩序。

◆ 開場白簡潔明瞭

無論做什麼事，一個好的開端非常重要，會議也是如此。即便會議準備不到位，一個簡單明瞭的開場白也能引導會議快速切入主題，進入正軌；反之，一個拖沓囉嗦的開場白則很有可能製造一場混亂不堪的會議。一般來講，會議開場白的時間要控制在 3 至 5 分鐘，其內容要涵蓋背景、目的、議程、時長、會議期待等內容，在有必要的情況下還要加入會議紀律等內容。

◆與會人員的責任

（1）有組織的發言

在會議召開的過程中，與會人員的主要工作就是集中精力關注討論事項，並在恰當的時機提出有建設性的意見。因此，與會人員在發言之前要做好內容整理工作，將發言重點逐項寫在紙上，以免在發言的過程中遺漏要點。

（2）一次只討論一個要點

與會人員的發言內容要集中在一個要點上，如果發言內容包含的要點過多，就會使重點變得模糊不清，難以引起其他與會人員的重視，甚至還有可能出現兩個討論方向，不僅增加了其他與會人員的理解難度，還有可能使討論偏離主題，使會議時間無限延長。

（3）口齒清晰，陳述有力

發言者在發表意見的時候要做到口齒清晰、音量適中、方式適當，以便清晰、明確地表達出自己的觀點，讓其他與會人員更容易接受、理解。無論發言者所表達的意見是否正面，都要保持自信，做到知道自己講什麼；立場堅定，只講真話；強調重點，表達清晰，簡潔有力。

（4）集中精力，遵守紀律

在會議召開的過程中，很多可能某個階段所討論的事情與自己無關。在這個階段，與會人員仍要保持專注的態度，認真傾聽發言者的發言，以表示對發言者的尊重，以在傾聽的過程中汲取更多知識從而更好地進步。

◆ 會議進程控制

會議開始前，會議主持人需要向與會人員公布會議議程。會議過程中，討論內容應該圍繞會議議題進行，如果開會過程中發現了有必要討論的事項時，可以為其安排專項會議，以免影響此次會議目的無法達成。

會議主持人引導會議進行，並選擇合適的時機提醒與會人員遵守會議紀律，糾正偏離會議議題的討論，提醒會議主席做出決策等。會議計時人要提醒與會人員遵守會議時間，當需要延長會議時，應該和會議主席及會議主持人確認，並確定具體的延長時間。

◆ 決議管理

制定會議決議必須遵守規章制度，通常先由決策團隊成員充分表達觀點，然後由會議主席制定決策，也就是先民主後集中，少數情況下才會使用投票表決。在制定決議時，會議主席要當場陳述決議事實，從而形成決議。接著還要確定決議執行及監督部門，將每一個環節落實到具體職位，從而為後續執行及管理打下堅實的基礎。

有些情況下，與會人員對某些問題的看法並不一致，此時要由會議主席進行協調，認真傾聽各方的觀點，爭取共識，最終制定會議決議，避免出現議而不決的情況。這需要會議主席有較強的權威性和豐富的經驗，能夠客觀公正的從企業長期發展的視角看待問題，並根據各方的發言情況、會場氛圍，及時調整語氣、措辭，避免引發矛盾衝突。

當然，會議主席還必須果斷決策，善於總結，避免猶豫不決。讓與會人員達成一致的觀點及看法，是衡量決策性會議是否取得成功的關鍵指標。有些情況下，可能在會議現場無法制定決議，這時就需要進一步明確達成決議的流程及時間，並安排相應的人員負責監督。

—— 會後高效執行，評估跟進 ——

　　會議形成決議後，如果執行力較差，即便再好的決議也無法發揮價值，所以，對會議決議執行情況進行監督及管理，也是會議管理的一項重要內容。

圖 9-2 會後管理的主要工作內容

◆ 完整記錄

　　一場高效率的會議一定要有一個完整的會議紀錄，將各種會議決議、每項會議決議的執行人員、完成期限等內容納入其中，並對各項決議做好解釋、說明工作。在會議結束 2 至 3 天之後將會議紀錄下發到各與會人員手中，相關人員要按照會議紀錄的內容執行各項決議，以免相互推諉等情況發生，使決議完成效果受到影響。

在全體與會人員中,會議紀錄人員所承擔的功能與責任巨大,其地位僅在主持人之下。一名優秀的會議紀錄人員能有效提升議事效率;一名不合格的會議紀錄人員則有可能記錄錯誤,引起不必要的誤會與爭論,影響議事程序,影響執行效果。

所以,選拔一名優秀的會議紀錄人員非常重要。會議紀錄這項工作雖然看似簡單,卻不是所有人都能勝任的。一名優秀的會議紀錄者不僅能在會議召開全程認真傾聽每一位發言者的發言,還能將這些發言複述出來並準確地做好記錄。另外,在必要的時候會議紀錄者還能幫發言者系統地表達觀點,引導其按照議程討論。因此,在挑選會議紀錄者的時候不僅要考核其傾聽能力、互動能力、意見表達能力,還要考核其組織能力、比較能力與綜合能力。

◆ 監督管理

會議監督部門需要重視監督事項管理,監督會議決議事項的執行情況,對那些已經完成的事項,要根據相關流程進行確認;對那些執行較差的事項,要及時督促相關部門及人員加快進度。此外,會議監督部門還必須定期總結並公布會議監督事項的執行情況。

各部門應該積極配合會議監督部門的工作,尤其是那些在決議執行中扮演核心角色的職位人員,更應該嚴格要求自己,認真執行會議決議,並及時將執行情況匯報給會議監督部門。

◆ 配套獎懲

為了提升會議決議的執行力,需要建立起完善的獎懲機制,鼓勵那些執行效果好的部門,懲處那些執行效果差的部門。不過管理人員需要明白,懲罰並非是目的,關鍵是督促相關部門或者員工將會議決議真正

落實。在實踐過程中，企業可以採用積分制，並根據決議的執行週期明確具體的考核時間。

此外，資訊設備已經成為一家現代化企業的重要基礎，所以企業也要加強自身在這方面的能力。以 OA 系統為代表的資訊管理工具對提升會議效率有十分良好的效果，甚至有的企業和第三方服務商合作，開發出了專業的會議管理系統。該系統能夠對諸多會議流程（比如：會議議題稽核、會場管理、會議紀錄管理、會議決議執行等）進行科學管理，使會議效率大幅度提升。

綜上來看，建立完善的會議規章制度，進行科學管理，加強決議執行力，建立配套獎懲機制，是提升決策性會議效率的關鍵所在。這不僅需要會議管理部門做出努力，組織中的其他成員也要積極配合。

◆ 會後跟進與評估

考核一個會議是否成功的標準主要是該會議是否生成了可行性的決議，這些決議能否被有效地執行。所以，在會議結束時，與會人員要及時總結會議生成的各項決議，建立事後跟進機制，將各項決議分配到人，並明確規定各項決議的完成時間，做好監督、檢查工作，以便在發生意外時能及時發現、調整。

評估會議效率能有效改善下次會議的品質。會議效率評估可以採取兩種方法：

1. 在會議結束時開始意見調查，或者邀請與會議無關的人員當觀察員，在會議結束後針對會議召開過程中存在的問題發表意見。

2. 將提升會議品質是所有與會人員的責任這一觀點告知每一個與會人員，在會議結束後蒐集其意見與建議。

第 9 章
控管會議衝突

　　在會議結束之後立即評估會議效率有利於幫助主持人做出改進，從而提升會議品質。會議品質提升之後，與會人員的議事態度會更加積極，一個良好的議事循環系統就能得以有效建構。

會議控制技巧與措施

◆ 控制會議議題的數量

會議議題不要太多，否則與會人員就難以抓住重點，使會議討論方向偏離預訂軌道，難以取得應有的效果。一般來講，會議議題的數量最好控制在 3 個以內，1 至 2 個為最佳，以確保與會人員在會議討論時能集中注意力，以加快結論形成速度，以提升會議效率。此外，控制議題數量還能有效控制會議召開時間，使與會者在會議召開全程保持充沛的精力，以提升會議效率。

◆ 控制會議時長

眾所周知，人的精力是有限的。一般來說，一位成年人將全部精力聚焦在某項工作上的時間最多為 2 小時。所以，會議負責人要控制會議時長，最好的會議時長是 0.5 小時至 2 小時。如果會議時長少於 0.5 小時，與會者就沒有時間溝通、交流，會議結論也難以形成；如果會議時長超過 2 小時，與會人員就會感到疲累，會議效率也會因此深受影響。

◆ 會議召開時間宜安排在下班前

在很多情況下，由於與會者的時間觀念不強，或者因某些與會者不到最後一刻就不能將自己的觀點明確地表達出來，從而使得會議拖延。解決這個問題最好的方法就是將會議安排在上午或者下午下班之前召

開，比如，會議計劃召開 1 小時，就可以將會議安排在下班前一小時召開，如果上午是 12 點下班，就可以在 11 點召開會議；如果下午是 6 點下班，就可以在 5 點召開會議。這樣一來，與會者就會對會議時長做到心知肚明，就會在會議期間將自己的觀點快速地表達出來，使會議效率得以有效提升。

◆ 準時召開會議

會議拖延會浪費時間、浪費成本，所以，要杜絕會議拖延這種情況出現。杜絕會議拖延最好的方法就是準時召開會議，對遲到者進行懲罰，讓大家養成按時開會的習慣，以免會議拖延形成慣性。

◆ 控制會議議題的展開方向

一般來說，在會議召開之前，會議議題就早已明確下來。在會議召開的過程中，會議負責人或主持人要對議題內容與方向進行控制，防止與會人員討論與會議議題無關的問題，否則就會使會議討論偏離預訂方向，不僅得不到想要的結論，還會拖延會議。

解決該問題最好的方法就是，控制議題的展開方向，不要討論與會議議題無關的內容。如果在會議討論的過程中發現了一個很重要的問題，可以先做好紀錄，針對這個問題再安排一次會議予以討論、解決。

◆ 約定與會者的發言時長

有些與會者的時間觀念不強，發言時滔滔不絕，很容易導致會議拖延。要解決這個問題，會議負責人要在事前與其約定好發言時長，讓發言人做到心中有數，以免發言時間過長導致會議延時。

◆ 及時提醒發言者

在與發言者約定好發言時長的情況下，如果發言者還不能有效控制發言時長，會議負責人或主持人就要及時提醒發言者，在發言過半時提醒一次，在發言時長還剩兩三分鐘時再提醒一次，以讓發言者迅速做出總結、結束發言，控制好發言時長，以免會議延時。

◆ 做好會議紀要，分發給與會者確認

如果會議召開完畢之後沒有形成會議紀要，會議決議就難以引起與會者重視，就會導致決而不行問題發生。所以，在這種情況下，會議負責人要組織相關人員做好會議紀要，在會議結束後將會議紀要分發給與會者確認、簽字，以引起與會人員對會議決策的重視，以保證會議決策能在會後得以有效落實。

◆ 跟進會議決議的落實情況

有些會議雖然有會議紀要，但沒有會議決議的執行方法與措施，導致會議決而不行情況發生，會議應有的效果未能發揮出來。要解決該問題，最好的方法就是：對會議決議的落實、執行情況安排專人跟進，將會議決議的落實情況納入相關負責人考評體系。

提升會議效率，打造高效會議需要所有人共同努力，會議負責人要做好會前準備工作、會中引導與控制工作，會後監督與跟進工作；與會人員也要配合會議負責人的工作，提升自己發言效率，保證自己所負責的會議決議能有效落實，進而提升會議效率與效益。

── 目標管理法則 ──

　　會議是一種實現工作目標的方法，對這種方法進行科學管理與有效運用能為工作目標的實現提供良好的保障。會議召開往往有特定的目標，要想使目標達成，關鍵要做好目標管理工作。

　　目標管理是最基本的管理技能之一，它是透過對組織目標與個人目標的劃分，將重要的企業管理活動與具體的績效目標相結合，對目標的完成情況進行檢查、控制的一套完善的管理體系。會議目標管理是一種計畫與控制工具，能對與會者產生激勵作用，能對會議績效做出科學的評價。根據目標管理流程，會議目標管理可劃分為三大階段，分別是會前籌劃階段、會中實施階段、會末總結階段。

◆ 會前的籌劃階段

（1）確立總目標

　　一名成功的管理者對會議召開的目的應有非常清醒的認知，知道自己能從會議中得到什麼，會在會議召開之前想清楚會議召開的所有目的。在會前籌劃階段，相關人員的首要工作就是確立會議目標，對會議議題進行反覆論證。

　　一般來說，目標管理要以組織中的上級人員為主導，輔之以下級人員的相關意見來共同制定會議目標，保證會議議題、會議目的與每一位與會者相關。在會議議題確定的過程中，要針對某段時間內各項工作的近況來蒐集，具體來說，這些情況包括工作進行過程中出現的問題，有

哪些問題急需研究解決等等。透過這項工作，有些問題能被排除，有些問題能實現合併，從而得出會議最需討論的最終議題。

　　確立會議總目標之後，主要與會人員能提前對會議議題進行研究，蒐集數據，相互溝通，做好準備工作。另外，會議總目標的確立能為會議召開時間、召開地點、參與人員、所需數據的準備工作提供有效的指導。

（2）目標分解

　　在會議總目標明確之後，相關人員要從上到下對其進行細分，明確各小目標的負責人，授予其一定的權利。如果會議議題或任務只有一個，就要將其劃分為幾個節點，將每個節點當作子目標，逐一對其進行追蹤、評估、落實。如果會議在某個節點發生偏離，就要及時對其糾正。如果會議議題或任務的數量很多，且都是現下急需解決的各種工作，就可以將每一項工作都視為一個子議題。

　　目標分解的好處有很多，具體來說有以下 4 點：

1. 可以根據議題的重要程度來梳理順序，將緊急而重要的事項安排在議程前端處理，並對其進行充分討論。
2. 預估會議所需時間，為會議議程的制定提供依據。
3. 可對與會者的到場時間與離場時間做出安排，比如提前預估某項議題的討論時間，安排相關人員在討論開始前一兩分鐘進場，將具體的進場時間告知相關的與會人員，並及時安排不相關人員提前離場，以便節約各個與會者的時間。
4. 目標分解能夠打造一個緊湊而有序的會議。如果會議沒有議程，就會使溝通次序變得混亂不堪，使會議節奏失控，會議目標無法實現。

◆ 會中的實施階段

在會議總目標與子目標確立之後就進入了目標執行階段。在此階段，管理者要調動各任務執行者的積極性，引導其主動參與到過程管理、諮詢回饋、調節平衡、指導監督等各項工作中。透過溝通與交流來解析各項議題，消除會議參與者之間的資訊不對稱現象，引導其相互理解、協調，進而達成共識。

（1）言簡意賅，簡潔凝鍊

在會議召開的過程中，主持人與各位發言人要以整體目標的實現為基礎，以目標思維為指導，靈活運用高效趨同思維。在發言之前，發言人首先要明確發言的主題、目標、這些目標實現所要具備的條件等等；其次，發言人要以目標為核心準備發言內容，捨棄華而不實的詞句，削減人所共知的、漫無邊際的陳腔濫調，以簡潔俐落的語言將想要表達的觀點表述出來，引發聽者思考。另外，發言者還要做到長話短說，以概括性的語言將問題的本質表述出來，精確掌握形勢，並抓住問題的關鍵所在。

（2）偏離目標，及時糾正

會議在召開的過程中一定要緊抓幾個議題不放，一切活動都要以會議目標為核心來進行，將一切與會議議題無關的活動都拒之門外。會議主持人要嚴格掌控會議的討論範圍，防止偏題、干擾正常的議題討論等情況發生，引導與會者聚焦會議的核心議題。另外，在與會者發生爭執的情況下，主持人要細分引發爭執的各項意見，明確爭執的焦點與利弊，及時終結無必要的爭論。此外，在會議氣氛低沉，與會者積極性不高的情況下，主持人還要調動與會人員的積極性，讓他們針對會議目標展開討論，提出有建設性的意見。

◆ 會末的總結階段

(1) 形成決議

　　各項會議議題最好在會上做出決議，不要拖延；如果不能在會上做出決定，整場會議效益就只能被評估為零。如果某項議題在會議召開之前沒有經過充足的調查、研究，條件不成熟，就不能被確立為子目標。會議主持人要在所有的會議議題討論完畢時及時結束會議，為會議做總結。一般來說，會議總結要包括三個方面的內容，其一是複述會議目標，其二是總結會議所取得的成果，其三是對與會者表示感謝。在每次會議結束時，與會的主要領導者或主持人都應對會議成效做出評估。

(2) 檢查階段

　　在檢查階段，相關人員要做好三項工作，分別是對會議所取得的結果進行考評，實施獎罰措施，總結經驗教訓。在會議結束之後，相關人員要及時整理會議紀錄，撰寫報告並歸檔；主持人要追蹤會議各決議事項的執行情況。每場會議都要蒐集並評估與會議目標有關的資訊，透過會議評估，相關人員能明確知曉會議實施與策劃間的關係，能充分了解會議目標的實行情況，為以後會議效果的提升提供有效的支持。

─── 營造出活躍發言的環境 ───

　　在工作的過程中，所有公司都非常看重團隊精神與團隊力量。要想將團隊力量發揮出來，團隊成員之間必須達成共識，團隊成員要想達成共識就必須做好溝通與交流。企業領導要充分利用每個溝通機會與團隊成員交流，在溝通機會不足的情況下，企業領導還要自主創造途徑與成員溝通。

　　一個企業要想形成良好的溝通氛圍，企業領導必須發揮好帶頭作用，從自身做起，秉持對話精神，多與員工溝通交流，鼓勵員工發表自己的意見與看法，引導員工參與到討論中來，將員工的知識與想法匯聚在一起，形成團隊共識。只有這樣，才能將團隊成員的力量、潛能激發出來，推動企業更好地發展、進步。

　　團隊溝通、交流有很多種方法，其中最有效的一種方法就是會議。會議是一個載體，能將不同的人、不同的想法與意見凝聚在一起，這些想法與意見在交流的過程中相互碰撞，從而生出很多最佳的方案。事實上，很多「金點子」都是在會議上形成的，在會議召開的過程中，與議題相關的人員匯聚在一起，他們將自己責任範圍內的情況反映出來，並發表自己的見解，讓領導對事態有更全面的了解，以制定出更詳細、更科學的解決方案。

　　隨著網際網路、電腦、現代通訊技術的迅速發展，溝通方式越來越多，E-mail、多媒體都是最常用的溝通方式，但這些溝通大多屬於一對一的溝通。在工作的過程中，很多時候都需要群體溝通，最好的群體溝

通方式就是會議。這種溝通方式具有直接、直觀的特點,與人類的溝通習慣相符,無可替代。

所以,從這個層面來講,會議是一種最主要的溝通方式,而溝通又是會議的主要目的。

衝突是個人與個人、個人與團體、團體與團體因對某事物持有不同的看法而產生的矛盾。從本質上來講,衝突就是觀點差異。衝突產生的原因有很多,包括利益相關者的認知不同、意見不同、需求不同、道德觀不同、宗教信仰不同等等。從表面上看,衝突不可避免。但衝突有好有壞,我們要辯證地看待衝突,雖然有的時候衝突會降低會議效率,但有的時候,衝突也能碰撞出更好的解決方案。

好的會議不能偏離主要的議題,要給每一位與會者發言的機會,鼓勵與會者表達自己的觀點。為此,會議要營造一個良好的發言環境,讓與會者可以積極思考、發言,否則就會使衝突過少,導致會議溝通目標遲遲無法實現。

那麼,要如何營造一個良好的發言環境呢?有人認為在會議召開期間不要批評現有觀點;要鼓勵那些誇張的、狂熱的觀點;增加觀點的數量,不要過於追求觀點的品質;以他人的觀點為基礎建立新觀點;鼓勵與會者自由思考、發言等等。具體來說,要建構一個積極的會議氛圍,要做到以下七點:

1. 鼓勵積極的想法,因為觀點越多,意見越多,就越有可能產生一個好觀點、好意見。

2. 鼓勵在現有想法的基礎上提出一個新想法,也就是可以借鑑、創新他人的想法。為了打造會議目標,得到一個最佳的解決方案,不僅要鼓勵與會者表達自己的觀點,還要鼓勵與會者對他人的觀點進行改造、完善,形成一個更優質的新觀點。

3. 聚焦主題。在整個會議召開的過程中，與會者必須以會議主題為核心思考問題，以產生真正能解決問題的新想法與新方案。

4. 不要對他人的觀點與想法做出評判。在會議召開的過程中，如果隨意對他人的觀點與想法做出評判會使發言人發言的積極性受到嚴重影響，也會打擊其他與會者發言的積極性，使會議的預期目標難以達成。

5. 聽從會議主持人的指揮。在整個會議過程中，主持人發揮的作用就是保證會議有序進行、順利展開。所以，在會議召開的過程中，所有與會人員都要聽從主持人的指揮，不要隨意發言、與人爭辯，將衝突控制到最佳水準，以促使會議預期目標有效達成。

6. 不要私下交流。會議召開的目的是讓與會人員自由地表達自己的觀點，讓觀點發生相互碰撞，從而形成一個最佳的解決方案。如果與會人員在私下交流，統一思想，達成共識，就不會形成衝突，無法達到會議召開的目的。

7. 注意發言用語。要想提升會議效果，激發與會人員的發言熱情非常重要。因此，在會議召開的過程中，發言人員要規避一些會對他人思考與發言產生不良影響的語句，比如「這個觀點可能沒有價值」、「這個方案大家或許不會贊成」等等。

── 情景 ABC：控制衝突與壓力 ──

　　追本溯源，人與人之間的衝突是由語言不通、思想不同、相互猜疑、溝通無效引發的。會議召開的目的就是為了有效溝通，消除分歧，統一想法，以更好地展開工作。在會議溝通的過程中，由於與會者的個性不同、所處立場不同，經常會產生衝突。在衝突發生時，所有與會人員都要面臨較大的壓力，使得會議效果不佳。為了預防這種情況發生，會議負責人或會議主持人要有效控制會議過程中的衝突，緩解會議壓力。

◆ 衝突情景 ABC

　　衝突過多會導致企業內部混亂，甚至會使企業分裂，不利於企業成長與發展；衝突過少又會降低企業對變化的反應速度，使企業缺乏發展動力，也不利於企業成長與發展。在這種情況下，衝突管理就是要做到兩點：第一，在衝突過少時刺激有益的衝突產生；第二，在衝突過多時，抑制不良衝突，塑造一個良好的溝通環境，維護好溝通秩序，提升溝通績效。

　　在會議召開之前，圍繞會議議題，每一位與會者都已經形成自己的想法，在很多時候，這些想法都相互矛盾，所以在會議召開的過程中，衝突的形成是必然的。具體來看，衝突有兩種，一種是建設性衝突，一種是破壞性衝突。其中建設性衝突能匯聚與會者所有優秀的建議與想法，形成一個黃金解決方案，促使會議目的實現；破壞性衝突指的是在

會議溝通的過程中雙方人員情緒失控，導致矛盾激化，使會議效率與效果受到不良影響。

衝突與績效之間的關係，有三種情景：

☑ A 情景：衝突過少，會議討論過少，會議溝通目標沒有實現，會議績效太低。

☑ B 情景：衝突達到了最佳水準，與會者積極發言、溝通、討論，積極推動會議目標實現，會議的交流氣氛達到了最佳狀態，會議績效水準達到了頂點。

☑ C 情景：衝突太多，每一位與會者都只希望表達自己的觀點，不願意聽取他人的意見，使會議溝通氣氛變得非常惡劣，會議目標難以達成，會議績效變得非常低。

表 1 衝突情景比較

情景	衝突水準	衝突類型	內在屬性	績效
A	低或無	破壞性	冷漠、停滯、對變化毫無反應、沒有創意	低
B	適中	建設性	有活力，創新性強，能自我反思	高
C	高	破壞性	無秩序、不合作，破壞性較強	低

所以，為了使衝突效果達到最好，要做好衝突管理，對建設性的衝突進行鼓勵，將衝突維持在一定水準；對破壞性衝突進行抑制，以維護會議效果。

◆ 平衡會議中的壓力

在會議召開的過程中，壓力無論大小都會對與會者參與討論、發表意見的效果產生不良影響。具體來看，壓力主要有兩種類別：

1. 在威脅性刺激情景中，個人意識在無法擺脫威脅，無法脫離困境的情況下產生的一種壓迫感。

2. 個人適應能力不足以滿足內在、外在要求之和的情況下產生的一種壓迫感。

會議過程中的壓力是由衝突產生的，具體如下：

1. A 情景：衝突水準過低，會議氣氛冷淡，與會者不發言，失去了發表意見、積極交流的責任感，同時也失去了正常的壓力，失去了發表意見的欲望；或者，由於衝突水準過低，與會人員變得小心翼翼，擔心發言失誤要承擔相應的後果，對自己的發言資格產生質疑，由此產生了非常大的壓力，失去了發表意見的勇氣。

2. C 情景：衝突水準過高，使得矛盾激化，會場氣氛異常緊張，與會者受到這種氣氛的感染變得非常情緒化，產生巨大壓力，不敢發表意見。

所以，會議管理要防止 A 情景與 C 情景發生，建構良好的會議溝通氛圍，做好會議召開過程中的壓力管理工作，平衡會議壓力，以對建設性衝突進行鼓勵。

◆防止 B 情景向 C 情景轉化

在會議召開的過程中經常會發生這種情況：會議開始時，會場氣氛良好，與會者都積極參與討論、有序發言；隨著會議程序逐漸推進，會場氣氛越來越緊張，討論變成了爭論，繼而演化成了爭吵，發言者不再平心靜氣地闡述自己的觀點，開始高聲暢談自己的想法，不再聽取他人的意見。甚至，議題爭辯演化成人身攻擊，場面失控，會議難以繼續。

　　上述情形非常形象地演繹了 B 情景朝 C 情景的轉化過程。在 B 情景中，討論雖然激烈，但激烈程度適中，不會產生任何不良影響；在 C 情景中，討論異常激烈，場面失控，建設性衝突演變成破壞性衝突。在這種情況下，會場控制與管理就是要對 B 情景與 C 情景的臨界狀態進行有效鑑別，及時採取措施終止 B 情景朝 C 情景的轉化過程，對場景進行有效控制，以做好會議衝突管理。

　　具體來看，B 場景與 C 場景有以下區別：

B情景	C情景
與會人員都非常關心共同目標的實現	與會人員只關心自己的觀點能否獲得認可
積極聽取他人的觀點與意見	不願意聽取他人的觀點與意見
爭論問題	由爭論問題演變為人身攻擊
共享的情報越來越多	共享的情報越來越少
氣氛愉悅，心情舒緩，能增長知識	氣氛壓抑，情緒緊張，壓力不斷增高

◆ 破壞性衝突的處理策略

　　在 C 情景下，會場氣氛緊張，所有與會人員都陷入惡意爭執之中，不僅降低了會議效率，還使得會議目標無法達成，使時間與成本遭到極大浪費。所以，在建設性衝突演變為破壞性衝突之後，與會人員要採取相關策略對破壞性衝突進行有效處理。具體來看，破壞性衝突的處理方法有五種，分別是強制、合作、妥協、迴避、順應，不同的方法有不同的適用情景，能產生不同的結果。

1. 強制：強制法適用於三種情境，分別是：需要迅速做出決定的緊急事件、不同尋常的情景、有關大眾利益的事件。這種處理方法能滿足我方需求，不能滿足對方的需求，容易引起對方的不滿。

2. 合作：合作法適用於三種情景，分別是：事情非常重要，雙方都無法妥協；有非常明確的目標；整合不同的看法與目標。這種處理方法能讓雙方的需求都得到極大的滿足。

3. 妥協：這種方法適用於五種情景，分別是：目標明確但目標價值不足，或存在潛在危機；力量相當的雙方相互排斥；議題非常複雜；時間、成本壓力過大；合作與強制都失去效用。這種方法能讓雙方的需要得到一定的滿足。

4. 迴避：這種方法適用於六種情景，分別是：議題不太重要；所關心之事得到滿足的機率為 0；解決問題所產生的利益微乎其微；對事情有更重要的認知；蒐集數據的重要性超過立即決定的重要性；他人能讓問題得到更有效地解決。這種方法的結果是雙方都得不到滿足。

5. 順應：這種方法適用於五種情景，分別是：認知到自己的錯誤，要彰顯自己的理性；議題對別人來說更加重要，秉持合作原則讓他人得到滿足；降低損失；和諧與安定的重要性超越衝突；允許下屬從錯誤中獲得成長。這種方法的結果是滿足對方的需求，不考慮自己的需求。

─── **如何有效緩解與會者的溝通壓力？** ───

◆ 學會發言，習慣傾聽

在會議召開的過程中，溝通的形成需要兩個條件，一是與會者可以發表自己的意見，二是與會者了解他人的意見。要想達到會議目的，就必須蒐集各方資訊，透過多方討論形成決策。所以，會議管理必須維護好兩大秩序：

1. 讓每一位與會者都能將自己的想法與意見完整地闡述出來，只有這樣才能獲取每一位與會者的想法與觀點，維護其他與會者發言的積極性，讓其他發言者也可以各抒己見、暢所欲言。

2. 在某位與會者發言的時候，要讓其他與會者認真傾聽發言。在會議溝通的過程中，認真傾聽他人的發言、了解他人的見解不僅是與會者的權利，也是與會者的義務。

◆ 「個性化訂製」會議方式

在壓力構成因素中，性格障礙是非常重要的一個因素。

1. 性格較內向的人，認為在公開場合發表自己的觀點是「賣弄」、「出風頭」，不願意在公開場合發表自己的意見。在開會討論的過程中不會主動發言。儘管在會議開始之初，會議主持人就鼓勵大家積極發言，但在會議召開的過程中，經常出現無人發言、主持人點名發言的情況，降低了與會者的發言欲望。

2. 有些人信奉「槍打出頭鳥」這一觀點，不願意主動發言，卻會在他人發表觀點之後批評其觀點，不僅打擊發言者的積極性，還抑制了其他發言者闡述觀點的欲望。除此之外，還影響了思考與創新。因為當一個新想法被所有人批判之後，就不會再有人提出新觀點、新想法了。在這種情況下，觀點不能碰撞，集思廣益的目標無法實現，自然也就無法形成創新的、完美的解決方案。

3. 強烈的面子觀念。在會議召開的過程中，與會者在發言的過程中要考慮他人的面子問題，會盡量避免傷害他人的面子，以免使自己的人際關係受到不良影響。與會人員越多，發言者考慮的就越多，最終會言不由衷，辭不達意，不能將自己的觀點完整地表述出來。

有鑒於此，為了控制會議壓力與衝突，提升會議效率，達到會議目標，要引入一些創新的會議形式，比如腦力激盪等，充分考量成員性格，與國情相結合，改善傳統的會議形式。

◆ 站在平等的溝通平臺上

在會議召開的過程中，與會者的角色、地位有很大差異，再加之綜合考量責任、期望等因素後，與會者的情緒會非常緊張。為了緩解與會者的緊張情緒，營造一個平等、開放的會議氣氛非常重要。

以微軟為例，雖然在微軟公司也有上下級關係，有管理與被管理的關係，但它倡導員工學術平等，所有員工都能自由地發表自己的觀點，表達自己的想法，對他人的觀點進行批判。在微軟公司，最能展現平等開放的就是「白板文化」。在白板這個表象背後隱藏的是自由的表達與交流，資訊的互通，思想的共鳴。

第 9 章
控管會議衝突

　　會議是一個溝通交流的場所，在這個場所中，所有人都是參與者，
都應當被給予同樣的尊重，都應當得到同等的發言機會，從而營造一個
平等開放的環境。只有在這個環境中，參與者因角色、地位的差異帶來
的壓迫感才能得到緩解，才能很好地保護與會者發言的積極性。

第 10 章

會議視覺化工具

——— 思維視覺化在會議管理中的應用 ———

本質上，思維視覺化（Thinking visualization）是一種透過一系列圖示及其組合將不可見的思考方法與路徑等思維清晰化、具體化呈現的過程，對提升工作及學習效率具有十分重要的價值。近幾年，隨著思維視覺化在企業管理中的應用越來越廣泛，許多職場人士都將其作為展開高效工作的重要工具，尤其注重思維視覺化在會議管理中的應用。

◆ 為什麼要重視思維視覺化？

從心理學視角來看，和純粹的知識相比，思維是隱性的，在日常生活與工作中，一些清晰的思路會轉瞬即逝，這也決定了傳遞與學習某種思維往往有較高的難度，而思維視覺化為解決這一問題提供了有效思路。

1. 科學證明，在人與人之間的交流中，聲音、動作、臉部表情、身體姿勢等非語言行為占比高達 93%，在非語言環境中，視覺是人們接收資訊、傳遞感情的重要媒介。
2. 將近 50% 的大腦與處理視覺資訊有關。
3. 分布在人眼中的感覺接收器占比達 70%，和其他資訊相比，視覺資訊更容易對我們產生影響。
4. 人類可以平均 1/10 秒獲得一個視覺資訊，獲取效率遠高於其他類別資訊。
5. 透過在視覺化資訊中加入令人舒適的顏色，可以提升內容可讀性及讀者閱讀積極性。

6. 和文字內容相比，圖文結合的商品資訊更容易被人們快速理解。

7. 研究證明，在人們辨別方向時，帶插圖的路標比不帶插圖的路標對人的幫助效果高出 323%。

8. 資訊視覺化後，能夠降低 20% 的腦力資源使用，使個人效率提升 17%。

9. 視覺化工具被應用至團隊合作專案後，能夠減少 10% 的腦力資源浪費，團隊整體效率提升 8%。

從諸多實踐案例來看，將思維以流程圖、概念圖、模型圖、魚骨圖、心智圖、邏輯關係圖等圖形形式具體化呈現，是實施思維視覺化最為簡單有效的方式。

◆ 思維視覺化在會議紀錄中的應用

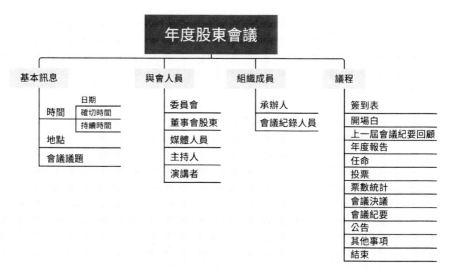

圖 10-1 某公司年度股東會議

組織、參加各種會議是現代職場人日常工作的重要組成部分，會議過程中可能會涉及到多個議題、部門、決策等，做好會議紀錄顯得尤為

關鍵，而心智圖是會議紀錄中的主流工具。同時，隨著企業資訊設備日漸完善，職場人可以藉助錄音筆、電腦等數位化工具對會議內容進行記錄、覆盤、總結等。

會議類別、議題、目標等十分多元化，但會議價值主要是針對某個問題研究解決方案、傳遞上級決策、展開工作總結並對後續工作做出指示等。大型企業通常會有專業的會議紀錄人員負責會議紀錄工作，記錄內容主要有會議名稱、會議時間與地點、會議性質、與會人員名單、會議主要內容等。而中小企業出於成本控制考慮，可能不會設定專業的會議紀錄職位，需要有需求的與會人員自行記錄。

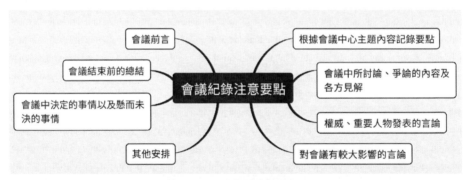

圖 10-2 會議記錄注意要點

紙筆、錄音筆、電腦都能用來做會議紀錄，紙筆紀錄在掌握速度與品質平衡方面較為困難；錄音筆更多的是一種幫助我們檢查疏漏的輔助工具；電腦紀錄相對方便快捷，而且可以將其分享給其他成員，共同對會議進行總結。

在開會前，我們可以在電腦中準備好會議紀錄的軟體，並選擇合適的心智圖模板，從而高效便捷地完成會議紀錄。我們可以透過下圖案例來理解應用心智圖軟體展開會議紀錄的優勢：

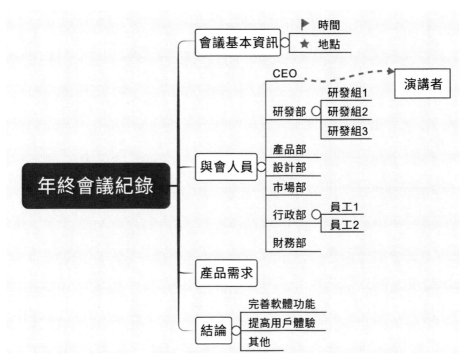

圖 10-3 某公司的年終會議紀錄

　　在這張心智圖中，我們可以快速掌握會議主要內容，對會議過程有一個整體的認知。心智圖分支可以讓紀錄人員記錄詳細資訊，有效引導會議程序進行。有時，開會過程中因為意見不統一、發現新問題等因素，導致人們忘記了會議初衷，甚至陷入無休止爭吵，這種情況下，會議紀錄人員可以用會議心智圖適時提醒會議主持人，使會議能夠真正達成預期目標。

── 思維視覺化的六大實戰操作工具 ──

◆ 魚骨圖：適用於分析問題找到根本原因

　　魚骨圖（Cause and Effect Diagrams）被廣泛應用於尋找問題的根本原因，也被稱為「因果圖」，同時，為了表彰發明者日本管理大師石川馨的貢獻，又將其稱為石川圖。簡單實用、深入直觀是魚骨圖的主要優勢。魚骨圖外形類似魚骨，問題或缺陷被標注在「魚頭」外，魚骨上分布著多個魚刺，魚刺上根據出現機率高低標注造成問題的可能原因。此外，我們也可以在魚骨圖中發現不同原因間的相互影響。

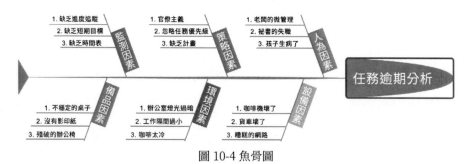

圖 10-4 魚骨圖

◆ 邏輯樹：結構化思維分析問題

　　邏輯樹（Logic tree）又名問題樹、分解樹、演繹樹，是一種按照從最高層逐步向下擴充套件順序，對所有問題子問題進行分層羅列的主流問題分析工具，被麥肯錫等世界知名管理諮詢機構廣泛應用。在邏輯樹中，將一個已知問題作為樹幹，然後分析該問題的子問題或子任務，每

一個子問題或子任務都是樹幹上的一個樹枝，大樹枝上還可以出現小樹枝，最終，將問題的所有關聯清晰地呈現出來。

透過邏輯樹實施思維視覺化，可以讓我們理清思路，避免無關思考與重複思考；在工作上可進行較強的精細化分工，並明確各部分優先順序，提升執行效率的同時，保障問題解決過程的完整性。

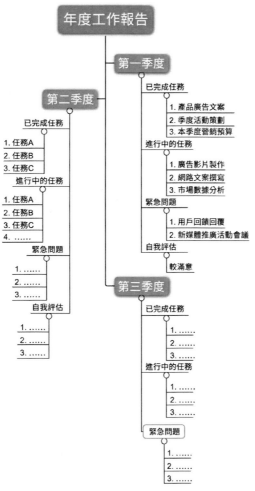

圖 10-5 邏輯樹思維圖

◆層次結構圖：適用於分析組織結構分析

　　層次結構圖（structure chart）以樹狀圖的形式逐層分解事物結構，通常按照由父集到子集的順訊進行深入分析，表面上看，這和心智圖頗為類似，但層次結構圖的主要目標並非是為了讓我們發散思維，而是理清組織結構關係，提供清晰的分組資訊，因此，層級扮演的角色尤為關鍵，通常自上而下、由高層向低層拓展。

　　層次結構圖不僅被應用到分析組織架構關係，在設計表達結構方面也有重要價值，比如，文章寫作、課程設計、演講設計等。金字塔結構是一種常見的層次結構圖，在文章寫作中，層次結構圖可以突顯主題、使文章結構更嚴謹、層次更清晰；在口頭溝通表達中，層級結構圖可以強調重點、提升效率與說服力。

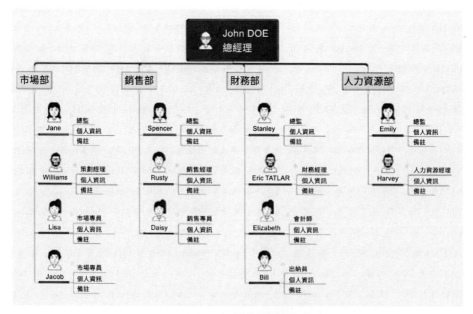

圖 10-6 層次結構圖

◆ 流程圖：用於提升組織營運效率

流程圖（Flow Chart）展示了系統內部資訊流、零件流、觀點流的流動過程，在企業應用場景中，流程圖通常被用於描述生產線工藝流程、專案管理過程等各類過程。比如，詳細解釋某個關鍵零件的加工工序，展示出組織制定策略決策的流程等。

在流程圖中，圖形塊呈現了過程的不同階段，按照流動方向用箭頭連線，下一階段內容受到上一步結果的直接影響，往往使用是或否的邏輯分支表現多種可能。

◆ 矩陣圖：適用於解決複雜問題

矩陣圖（Matrix diagram）是一種能夠對多種因素進行綜合考量、分析問題的有效工具，以縱橫排列的二維數據表格圖形式呈現。在矩陣圖應用實踐中，透過對多維問題進行分析，找到成對因素群，將其以行與列的形式呈現出來，然後尋找行和列之間的關聯性，最終找出解決問題的關鍵。矩陣圖在結構化思維方式中應用尤為廣泛，具體應用步驟為：先思考矩陣分析層面，然後再根據這些層面補充分析內容。

實踐證明，上述五種圖形工具在思維視覺化中有頗為良好的應用效果，但需要指出的是，這些圖形工具僅是外部手段，它無法取代人的思考，如果思考能力或深度不足，即便運用再先進的外部工具也很難達成預期目標。所以，在日常生活與工作中，我們必須不斷提升自身的思維能力，主動學習並掌握系統思維、創新思維、結構化思維等多種思維方法，更為系統全面地分析問題，善於從新角度尋找問題答案，為企業創造更高價值的同時，也將實現自我價值。

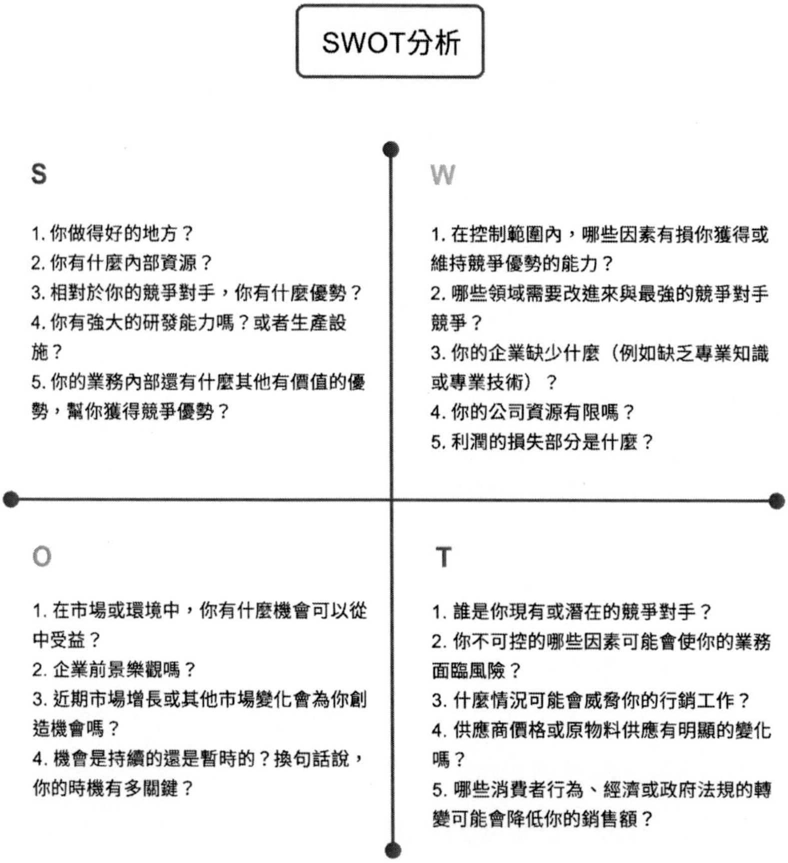

SWOT分析

S

1. 你做得好的地方？
2. 你有什麼內部資源？
3. 相對於你的競爭對手，你有什麼優勢？
4. 你有強大的研發能力嗎？或者生產設施？
5. 你的業務內部還有什麼其他有價值的優勢，幫你獲得競爭優勢？

W

1. 在控制範圍內，哪些因素有損你獲得或維持競爭優勢的能力？
2. 哪些領域需要改進來與最強的競爭對手競爭？
3. 你的企業缺少什麼（例如缺乏專業知識或專業技術）？
4. 你的公司資源有限嗎？
5. 利潤的損失部分是什麼？

O

1. 在市場或環境中，你有什麼機會可以從中受益？
2. 企業前景樂觀嗎？
3. 近期市場增長或其他市場變化會為你創造機會嗎？
4. 機會是持續的還是暫時的？換句話說，你的時機有多關鍵？

T

1. 誰是你現有或潛在的競爭對手？
2. 你不可控的哪些因素可能會使你的業務面臨風險？
3. 什麼情況可能會威脅你的行銷工作？
4. 供應商價格或原物料供應有明顯的變化嗎？
5. 哪些消費者行為、經濟或政府法規的轉變可能會降低你的銷售額？

圖 10-8 SWOT 矩陣圖

──── 工具 1：用標記凸顯討論重點 ────

在開會的過程中我們經常遇到一些問題，比如會議討論不順利，會議討論失去重點、偏離方向等等，這些問題誘發的最終結果就是無用會議、形式化會議出現。為了改變這種狀況，推進會議程序，打造高效會議，以視覺化會議對傳統的會議模式進行變革，非常必要。

在傳統會議上，凡是對自己有利的或者有關的內容，與會者都會清晰、仔細地記錄下來，與自己無關或者對自己無利的內容，與會者就會自動忽視。所以，與會者所記錄的會議重點不一，對結論的解釋也千差萬別。藉助視覺化會議，這些問題都能得以有效解決。

在視覺化會議中，與會者在整理會議內容時要從發言者的發言中找到關鍵詞，將其凝鍊成簡短的語句，這項工作對視覺化會議的應用效果有直接影響。因此，相關人員在凝鍊概述的時候既要保證語句簡潔，又要保證凝鍊之後的語句能再現發言本意，以便成員能更好地對其理解。

為了突出討論重點，要強調其中的關鍵詞與概括性的內容，將其中的輕重緩急區分出來。在視覺化會議中，突出重點的方法有很多，比如將字型放大、加粗，改變字型顏色，在需要重點突出的內容下面新增橫線，在重點段落前面新增符號，用各種圖形將重點標題圈出等等。

雖然使用各種標記讓重點突出能方便與會人員理解，但是過猶不及，如果將所有的內容都以特殊符號突顯出來，其效果與未強調情況下所達成的效果沒有什麼差異，甚至會增加聽眾的理解難度。但是，如果與會者將關鍵詞般的重點逐一記錄下來，這些關鍵詞重點間的關係不明

確,與會者同樣難以理解。為了解決這個問題,就要做好結構化。

結構化有兩個階段,一是匯聚相同的意見將其排列起來;二是明確這些意見之間的相互關係。第一個階段的意見聚集可以使用圖形來表示,第二個階段的意見關係可以使用箭頭來表示。

一般來說,圖解工具的類別大概有四種,每一種工具又可以細分,分解為多種不同的工具。

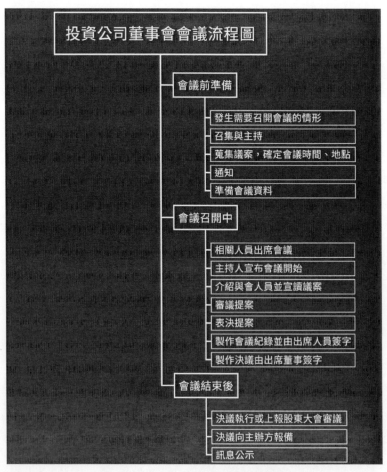

圖 10-9 投資公司董事會會議流程圖

1. 樹狀圖工具，其作用是對意見進行全面、有層次的歸納，按照不同的層次將專案按階段歸納起來形成圖解，比如邏輯樹狀圖等。

2. 社團型工具，該工具能將各個小組的重疊情況整合起來形成圖解來產生新構思，尋找新關係，比如圓形交錯圖等。

3. 流程型工具，按照會議的時間變化、流程步驟因果關係等因素，來歸納意見所形成的圖解，比如流程圖等等。

4. 矩陣型工具，進行分割討論，繪製表格來歸納意見，按照切入點來整理意見所形成的圖解，比如 T 型圖表等等。

為了使結構調整效果達到最佳，可以重新整理討論內容，如果某部分內容的理解難度過大，也可以將其單獨拿出來整理。

—— 工具 2：理清會議發言邏輯 ——

邏輯思維是一種運用科學合理的邏輯方法，自身透過觀察、比較、歸納、演繹、推理、判斷等方式來獲得認知，是條理清晰、精準高效表達的能力，它強調思維嚴謹、辨識清晰、論據充分、表達精準、論證嚴密、溝通技巧嫻熟，進而得出有說服力的結論，是現代職場人應該學習並掌握的一項必備技能。在會議應用場景中，邏輯思維表現在將縱向思維、橫向思維、逆向思維相結合，靈活運用比較推理和駁斥辯解等技巧，對保障會議順利展開具有十分積極的影響。會議發言的速度快、內容多，將所有的會議發言都記錄下來不太現實。面對這種情況，篩選會議發言的重點內容來記錄顯得非常重要。如果不能篩選過濾發言內容，就難以找到重點，從而使得會議發言紀錄不得要領，難以使會議討論更深入。如果會議紀錄人員的歸納能力不足，不能正確地理解發言內容，視覺化會議就難以取得應有的效果。

◆ 縱向思維

在會議交流的過程中，「我想……」、「應該……」之類的語句總會吸引大家的注意，因為，每一位發言人的思考過程都非常獨立。在很多情況下，以事實與經驗作為出發點，在各種標準與原則的基礎下來理解以及判斷會議內容，進而得出結論的過程就是推論，整個思考過程就是縱向邏輯。

◆ 橫向思維

　　相較於縱向邏輯來說，橫向邏輯能對各個發言做出明確定位。一個話題的切入點可以有很多，以公司某個階段的策略部署為例，從客戶的角度切入與從公司的角度切入所得出的結論是不同的。因此，會議紀錄人員要明確會議所討論話題的各個切入點都有哪些？各項發言內容的主張有哪些？對這些內容做好整理就能對各個發言做出明確定位，這就是橫向邏輯。

　　相較於只聽結論來說，按照縱向邏輯與橫向邏輯的方向來傾聽他人的談話內容，更能理解談話中的含義。在會議討論的過程中，如果紀錄人員難以理解發言人的發言內容，就可以以「為什麼那樣想」這樣的提問來梳理意見並為其定位。

　　一般來說，會議發言的結構有兩種，一種結構順序是背景 —— 判斷標準 —— 結論，另一種結構順序是假設 —— 驗證① —— 驗證② —— 考察。只要能明確發言結構，就能對發言重點做出準確的判斷。

◆ 逆向邏輯

　　逆向邏輯也叫歸謬類推，是一種間接的論證方法，先假設對方觀點正確，然後從這個假設中得出和已知條件相矛盾的結果來，進而否定了先前的假設，肯定了乙方的觀點。逆向思維使許多靠正常思維不能或是難以解決的問題迎刃而解，一些正常思維未能解決的問題，在它的參與下，過程大大簡化，效率可以成倍提升。逆向思維在會議中的應用表現在以下三種情況：

1. 當與會者常常問一些無法直接回答的問題時，從同一種原因出發並引申出互為對立的結果，以謬制人，就能夠達到反守為攻的效果。

2. 當弄不清發言者的真正意圖的時候，千萬不要讓對方牽著鼻子走，而要抓住關鍵詞進行反問，進而了解到他的需求，才能使討論更有針對性。

3. 在對方不願意接受自己觀點時，運用逆向思維，以退為進，欲擒故縱，給足對方面子，如果強制性命令就會讓他人產生反抗心理，甚至使對方的行為會變本加厲，導致欲速則不達。

◆ 比較推理

比較推理又叫類比思維，是將兩個或兩類事物放在對比中進行思維和表達。這種思維避免使用生澀艱深的詞彙去介紹給與會者一種本來就不很熟悉的事物，會議組織者要在聽眾面前以一種開放的、平易的形象出現，拉近演講者和聽眾之間的距離，使會議的議題在潤物無聲、潛移默化中被聽眾所理解。比較推理具有形成假說、開拓思路、觸類旁通的重要功能。

比較推理的過程也可看成是由已知到假設，再從假設到另一個未知的演繹和歸納的過程。運用類比推理的方法，需要累積豐富的知識、觀察外界的事物，需要積極地聯想、搜尋相似物，必須全面深入地分析研究兩個比較對象的各種屬性，認真地比較它們的相似點和差異點，力求掌握相關性。

◆ 駁斥辯解

駁斥辯解是指當對方的論證和論據存在謬誤時，如何巧妙地識別、質疑和反駁。駁斥辯解要遵循邏輯思維的同一律、矛盾律、排中律等規律。根據語言的語法特性，當表示有些是什麼的時候，意味著有些不是

什麼，而在說有些不是什麼的時候，也就意味著有些是什麼。

　　駁斥辯解的技巧在於善於掌握住事物的整體和全貌，避免以偏概全，不能針對細節做出回答，也不能產生遺漏和重複。要大膽提出假設，再將假設一個個排除，直到得出真正的解決辦法。

工具 3：討論分組與建立關係

對於複雜的事物，人們理解起來的難度很大。比如，將口袋中的硬幣全部放在桌子上，如果硬幣只有幾枚，人們就能在很短的時間內判斷出錢的數量；如果硬幣數量過多，人們就必須先對硬幣種類進行區分，再數數，才能知道具體有多少錢。

視覺化會議的原理與此相同，先劃分討論內容，劃分之後的專案數量盡量控制在 5 個或者 6 個月以內，否則與會人員就難以掌控全域性。在這種情況下，分組化與建立關係就非常必要。

從整體來看，分組化的類別主要有兩種，一種是歸納型，從樹枝到樹幹；一種是推論型，從樹幹到樹枝。

◆ 歸納型：從樹枝到樹幹

歸納型分組化指的就是聚合相似的內容建構一個小組，再聚合小組建構中型小組，以此類推，建立大型小組的方法。

歸納型分組化的方法適合全員使用，沒有什麼特殊技巧。但相較於推論型分組化方法來說，歸納型分組化方法消耗的時間比較長，因為歸納型分組化的方法需要從細微處著手，所以很難掌控平衡，甚至會遺漏一些內容。

◆ 推論型：從樹幹到樹枝

推論型分組化指的是從某個點切入來分割整體，將其分為 2—3 個小組，並持續細分這些小組的方法。推論型分組化應用效果的好壞關鍵在

於相關人員能否找準切入點，如果能找準切入點，就能立刻進行結構化；如果不能找準切入點，結構化就會失敗。因此，該方法只適合熟練之人使用，否則難以發揮作用。

　　無論採用哪種方法，要想達到結構調整的最終目的，還需要採用另一種方法對其進行驗證。比如，如果從最小的組開始，就要從宏觀角度對其驗證，以檢視小組間的關係是否平衡；如果是從最大的組開始，就要從微觀角度對其驗證，檢視小組內容是否已蒐集齊全。只有這樣，才能藉助雙方的優點來實現結構化，並使其效果達到理想狀態。

　　但無論採取哪種方法，找到切入點都是關鍵。比如，在討論「關於企業特徵的意見」這個話題時，相關人員可以將其分為優勢與劣勢兩個不同的小組，或者可以從內容出發，將其分為人、物、資金、資訊等幾個不同的小組。

　　從某種意義上來說，框架結構就是資訊整理準則。會議紀錄人員了解得越多，在整理會議內容時的視角就會越開闊。如果會議討論陷入困境，就可以以「是否能按照這種框架進行討論」這樣的提議來打破困境，繼續會議。雖然框架結構被稱為資訊整理準則，但並非只要掌握框架結構就能順利展開討論。如果對框架結構過於依賴，視覺化工作法就會失去效用，會議討論也會變得索然無味。

　　事實上，視覺化工作法還是一種討論工具。在意見缺失的狀況下，利用視覺化工作法還能回顧整個討論過程，來明確論點，引導相關成員提出新的見解；在討論陷入焦灼的情況下，視覺化工作法還能緩和會場氣氛，讓與會人員冷靜下來，以全新的觀點來重新審視整個會談過程，出其不意，找到全新的突破口。

—— 工具 4：視覺化會議場景實際操作 ——

在現實的工作場景中，視覺化工作法的用武之地非常多，比如普通例會、與他人磨合想法與意識的場合、各抒己見的研究會等等。當然，場合不同，所利用的視覺化方法也不同。

◆ 普通例會

普通例會的召開時間較短，週期固定，所討論的內容大體一致，且與會人數較少。基於上述特點，這種會議視覺化的內容就會較為簡單。

首先，這種普通例會既能幫大家對議題有二次了解，還能幫大家明確議題的重要程度。與此同時，標注好會議預定的結束時間，以提醒與會人員抓緊時間，務必在規定時間內結束會議。

其次，按照一定的順序來討論事先決定好的議題，將與會人員提出來的意見分條羅列出來，並以會議所做決定為依據制定行動方案。在這裡還有一點需要注意，就是每一項決定的負責人及完成所需期限都必須明確。

◆ 想法與問題意識相互磨合的場合

對於這種會議來說，不僅要營造與會人員自由地表達想法的氣氛，還要制定一定的步驟將各種觀點統一起來。因此這種會議的氣氛比較寬鬆，與會人員能夠進行自由的討論，即便不採用視覺化工作法也可以。但如果不採用視覺化工作法，與會人員提出的與議題相關的意見難以記錄、保留下來，與會人員的共同想法得不到有效確認，會議極有可能演

變成情緒發洩場，難以達到理想的效果。因此，這種自由討論的會議也要採用視覺化工作法，做好會議發言的紀錄並儲存。

首先，會議紀錄人員要將與會人員在會議上提出來的意見記錄下來，起初可以採取單純的羅列法記錄，隨著會議的推進，明確各意見的定位之後，將周邊繁雜瑣碎的資訊除去，將內容分組化。做到這一點，即便討論偏離議題或者討論重複，會議紀錄也不會對會議程序產生阻滯作用。

採用這種方法將視覺化圖表清晰地呈現在與會人員面前，讓與會人員清晰地看到討論內容。在整個過程中，即便會出現許多與眾不同的意見，但與會人員所秉持的認知基本相同。同時，在視覺化圖表的作用下，與會人員的共同感能得以顯著增強，還能推動整個討論朝著積極的方向發展。

◆ 在必要場合進行全面討論

這種類別會議的議題容易偏離預定的方向，因此談話必須覆蓋所有討論內容，切記不能遺漏。為了防止這些問題發生，最常用的方法就是向與會人員提供圖表，這些圖表能夠覆蓋所有的論點。在此過程中，相關人員要掌握好提供圖表的時機，選擇科學的方法，以免給與會人員留下「被束縛」、「不自由」的印象。另外，在按照討論內容對圖表進行填充的過程中，採取何種方法填充圖表應由與會人員自己選擇，以促使整個會議程序得以有效推進。

◆ 各抒己見的研究會

在這種會議上會出現很多意見，為了營造出積極接受意見的氛圍，與會人員可以使用大量圖表。因為事先難以猜測與會人員會在會議上提

出何種意見，因此，相較於目錄型圖表來說，能夠進行分散記錄的曼陀羅型圖表更加適用。使用這種圖表，會議紀錄人員只需將題目寫在紙張的中心位置，在其周圍記錄零散的意見即可。

如果在記錄的過程中出現了不同的意見，就可以將其與迄今為止出現的意見分開記錄。反之，如果某意見與前面所述的意見相似，就可以將其寫在已有意見的附近。如此一來，各種意見內容就在不知不覺中實現了結構化。雖然這種方法的適用度很高，但由於修改不便，需要一開始就想好布局。一般來說，標準的曼陀羅型布局可分為三種類別，分別是 4 等分、6 等分和 9 等分。

在研究會議召開的過程中，視覺化工作法對整個會議氣氛的影響很大。如果要營造活躍的氣氛，不僅要使用顏色鮮豔的筆進行書寫，還要使用流行的標注與插畫。為了引導大家積極地參與其中，還要派發便利貼或者 A4 紙給大家，將成員分組，將討論結果寫在紙上，使與會人員的參與意識得以有效提升。

後記

看到自己的書稿即將付梓，回想自己這幾十年的奮鬥歷程，心中不禁感慨良多。

本書歷經多次修改。坦白地說，這本書凝結了我多年大型會議組織經驗，希望能對讀者有幫助。

多年前我以第 12 名的成績考入石油公司，成為一名正式的石油工人。或許是對事業有著更強烈的渴求，也或許是自己內心那股天生的不安分，我毅然放棄了那份當時令人羨慕的石油工人的工作，開始了經商。創辦自己的公司，在全國各地做會議行銷，在短短的一年時間裡，我收穫了自己人生的第一桶金。

後來，由於各方面的原因，我的公司沒有持續經營下去。思量再三，我決定投身到醫療保健行業，開始了自己的二次創業生涯。於是，我選擇在一個偏僻的城市和當地一家大藥房合作銷售治療灰指甲的祖傳祕方。我透過小型會議招商的方式，用了一年的時間賺了 100 萬元、開了 20 多家分店，在保健行業累積了良好的業內口碑和聲譽，受到行業與公眾的廣泛認可。

人生就是一個起起落落的過程，於我而言尤其如此。正當我事業發展順風順水的時候，內心的不安分驅動著我陸續投資了一些專案，由於缺乏足夠的投資經驗和風險意識，最終這些專案都以失敗告終，我也因此賠得傾家蕩產，甚至還向親戚朋友舉借了一些外債。

一系列的投資失敗，讓我備嘗人間冷暖、世態炎涼。在強烈的精神打擊下，我感到前所未有的迷茫和失落，此時在朋友的推薦下，我有幸

認識了楊老師，並接受楊老師的課程訓練。楊老師是亞洲潛能激勵大師，也是培訓界最受推崇的老師之一。

楊老師在演講中說了一句話對我產生了極大的震撼，他說：想要讓親人理解你、讓朋友認可你，一切以結果為導向，沒有結果，無需解釋；有了結果，也無需解釋。跟隨著楊老師，我學會了說服力銷售、學會了一對多的公眾演說，我投身到公眾演說和大型會議管理這個行業中，從選會場、租用專業音響、會場布置、座位安排、會議接待、會議主持、會議紀錄、維持會議紀律等諸多繁瑣小事開始做，讓我漸入佳境，用了一年的時間就償還了所有的負債，兩年就創辦了自己的公司，曾策劃過上百場高階行業論壇，並在多個諮詢實戰專案中擔任專案主持工作，短短幾年時間已在各地舉辦各類培訓班、研討會幾百餘場，累計培訓幾萬人次。

近年來，為了能幫助更多的人辦好會議，我特別聘請了畢業於名校大學的全腦潛能開發師，共同創辦了潛能開發傳媒有限公司，全力推廣全腦潛能開發，設定了超感知、高速閱讀、波動速度、超級記憶力、心智圖、靈感創作等十幾項課題，讓更多的人用簡單的方法，不僅把會議辦好，還能把會議講好。

自己把這麼多年累積的人生經驗寫成了這本書，正是希望給重新振作的自己一個證明，也希望能幫助更多的人成就理想。

在此，我首先要感謝我的父母和家人，感謝他們對我一直以來的不離不棄；還要感謝曾經幫助過我的老師、親戚和一起奮戰過的朋友，他們是呂紅、軒吉玉、陳新鳳、軒桂榮、王玉琪、軒吉明、都炳芹、李強、盧盼盼、周軍濤、艾玉、楊熹鳴、楊俊卿、顧忠明、江永莉、朱軒

儀、劉柏良、李佳釗、王曉朋、高曼語、劉進步。在我的生命中還有很多讓我感謝的人，在此不一一列舉了，感謝你們的一路陪伴和幫助！

軒英博

2018 年 6 月

會議無效？引領效率革命的策略與技巧：
掌控會議節奏，有效管理衝突與壓力，確保決策高效實施

作　　者：軒英博

發 行 人：黃振庭

出 版 者：財經錢線文化事業有限公司

發 行 者：財經錢線文化事業有限公司

E-mail：sonbookservice@gmail.com

粉 絲 頁：https://www.facebook.com/sonbookss/

網　　址：https://sonbook.net/

地　　址：台北市中正區重慶南路一段六十一號八樓 815 室

Rm. 815, 8F., No.61, Sec. 1, Chongqing S. Rd., Zhongzheng Dist., Taipei City 100, Taiwan

電　　話：(02)2370-3310

傳　　真：(02)2388-1990

印　　刷：京峯數位服務有限公司

律師顧問：廣華律師事務所 張珮琦律師

定　　價：375 元

發行日期：2024 年 04 月第一版

◎本書以 POD 印製

國家圖書館出版品預行編目資料

會議無效？引領效率革命的策略與技巧：掌控會議節奏，有效管理衝突與壓力，確保決策高效實施 / 軒英博 著 . -- 第一版 . -- 臺北市：財經錢線文化事業有限公司, 2024.04

面；　公分

POD 版

ISBN 978-957-680-821-0(平裝)

1.CST: 會議管理

494.4　　113002975

電子書購買

臉書

爽讀 APP